时装厂纸样师讲座

服装实用技术·应用提高

# 成衣裁剪制作实例
## 童装制板·工艺

童 敏　王雪筠/著

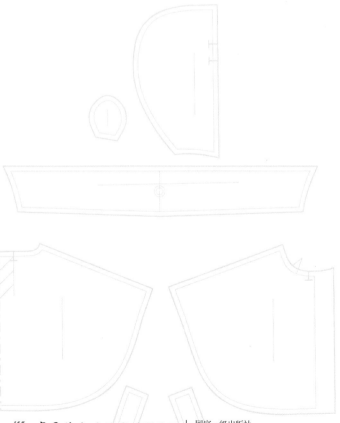

中国纺织出版社有限公司　国家一级出版社
全国百佳图书出版单位

## 内 容 提 要

本书根据服装专业童装结构工艺教学的需要，系统地介绍了童装结构与工艺的基础知识，并通过实物照片的方式，分步骤制作并解析婴儿装、衬衫、裙子、外套、背心、裤子等童装的缝制工艺，对工艺流程的介绍更加直观形象。

全书图文并茂，内容翔实，案例丰富，既可作为高等院校服装专业的基础教材，也可作为服装从业人员、爱好者的参考用书。

## 图书在版编目（CIP）数据

成衣裁剪制作实例.童装制板·工艺／童敏，王雪筠著.
--北京：中国纺织出版社有限公司，2019.8

（时装厂纸样师讲座.服装实用技术·应用提高）

ISBN 978-7-5180-6259-1

Ⅰ.①成…　Ⅱ.①童…　②王…　Ⅲ.　①童服—服装量裁　Ⅳ.①TS941.7

中国版本图书馆CIP数据核字（2019）第103486号

策划编辑：李春奕　　责任编辑：杨　勇　　责任校对：王花妮
责任设计：何　建　　责任印制：王艳丽

中国纺织出版社有限公司出版发行
地址：北京市朝阳区百子湾东里A407号楼　邮政编码：100124
销售电话：010—67004422　　传真：010—87155801
http：//www.c-textilep.com
E-mail：faxing@c-textilep.com
中国纺织出版社天猫旗舰店
官方微博http：//weibo.com/2119887771
北京玺诚印务有限公司印刷　各地新华书店经销
2019年8月第1版第1次印刷
开本：787×1092　1/16　印张：12
字数：166千字　　定价：59.80元

凡购本书，如有缺页、倒页、脱页，由本社图书营销中心调换

# 前言

　　童装结构与工艺是服装专业学生的必修课程，是将童装设计作品由理念变为现实的重要环节。通过对童装结构设计、工艺缝制方法与技巧的学习，不仅可以了解童装的制板及制作方法，而且更能够从制作过程中体会设计图与成品的相互联系，从而修正及拓展服装设计的思路，使设计作品具有可操作性，外形更美观，同时提高动手实践能力，适应市场需求。因此，我们编写了这部教材，详细讲述童装结构设计及工艺制作的基本方法。

　　为了在教学过程中方便学生自学，教材本着简单易懂的原则，以实物照片配合电脑制图的方法，逐步分解服装制作步骤，使学生可以根据分解步骤图完成制作的全过程。教材从童装的基础知识、童装结构设计的基本方法、童装的缝制工艺着手，进行了较为全面详细的讲解。内容由浅入深，循序渐进，使学生逐步掌握各个步骤的技巧，直至整件服装的完成。同时，由于照片在本书中对内容的表达有限，因此在照片上增加了辅助线条及文字说明，更加清晰地反映出每个部位的操作细节。

　　本书分为七章，其中童装的结构制图内容由重庆师范大学的王雪筠绘制、编写，工艺制作内容由重庆师范大学的童敏编写。全书由童敏统稿。

　　由于编著者时间和水平有限，本书难免有遗漏和不足之处，敬请广大师生提出宝贵的意见和建议，使之在修订时逐步完善。

童　敏　王雪筠

2019年2月

# 目 录

# 第一章　童装结构与工艺的基础知识

## 第一节　儿童的生理特征及体型特点

### 一、儿童各个时期的生理特征

儿童时期是人一生中生长发育最迅速的时期，其各个年龄阶段的生长变化和心理特征是童装设计的重要依据。根据儿童生理及心理特点，通常可将儿童时期划分为5个年龄阶段。

#### （一）婴儿期

婴儿期指从出生到1岁这一年龄阶段，是儿童身体发育最显著的时期。出生时平均身长约50cm，体重约3kg，头身比约为1∶4。体型特征为头大脸小，颈极短，四肢短胖，胸腹凸出，基本处于仰卧姿势，运动时间短。出生3个月内生长发育特别迅速，身长增加10cm，体重增加约2倍。3~6个月期间，婴儿在视觉和触觉上开始发展，能够识别亲近的人和事物。6个月后婴儿的活动技能开始增强，逐步学会爬行、独坐，并开始有意识地咿呀学语，运动量开始增加，有一定的情感和意愿。至1周岁时，身高约80cm，体重增加约3倍。婴儿时期大部分时间处于睡眠状态，出汗多，排泄次数多，皮肤娇嫩，不能独立行走，完全不具备独立生活能力（图1-1、图1-2）。

图1-1

图1-2

#### （二）幼儿期

幼儿期指从1~3岁这一年龄阶段。此阶段是身体成长和运动机能发育最明显的时期。身高每年增长约10cm，头身比增加到约为1∶4.5。头大，脖子短而粗，胸部前挺，腹凸减小。四肢逐渐发达灵活，活动量大，喜欢跑跳。手指灵活度增加，开始学会拉拉链，穿脱衣服，自己吃饭。此时期儿童语言、思维和认知能力增强，能够对感兴趣的事物短时间集中注意力，喜欢模仿学习（图1-3、图1-4）。

图1-3

图1-4

### （三）学龄前期

学龄前期指从4~6岁这一年龄阶段。此阶段身高增长较快，围度增长较慢，头身比为1：5~1：6。体型特征依然是挺胸、凸肚、窄肩、四肢短小和三围尺寸差距不大。此时身体发育较前期速度降低，但智力、体力发展都很快，能自如的跑跳，具备较强的语言表达能力，有独立意识，求知欲强，可塑性强，是培养良好习惯的重要时期。男、女性格及爱好差异明显（图1-5、图1-6）。

图1-5

图1-6

### （四）学龄期

学龄期指从7~12岁这一年龄阶段，身高110~150cm。此阶段生长速度减慢，头身比为1：6~

1：6.5，体型变得匀称，凸肚体型逐渐消失，腰身显露，臀、腿变长。此时男、女差异变得明显，女孩的发育速度大于男孩，并开始出现明显的腰臀差。这个时期是儿童生活范围全面转化为以学校为中心的时期，其学习能力、想象能力、运动能力发展非常显著，独立思考能力增强，有自己的判断能力（图1-7、图1-8）。

图1-7

图1-8

### （五）少年期

少年期指从13~16岁这一年龄阶段，身高110~170cm。此阶段为儿童的第2个生长高峰时期，身高增长速度个体间存在很大差异。头身比为1：7~1：7.5。女童胸部和臀部开始变得丰满，盆骨增宽，四肢细长而富有弹性，腰围明显纤细。男孩肩膀变平变宽，臀部相对较窄，手脚变大，身高体重迅速增加。体型逐渐接近成年人，但还显得较为单薄。由于青春期的来临，儿童在生理上和心理上都发生了显著变化，大多情绪不够稳定，易于冲动，喜欢模仿和追逐流行，善于表达和展示自我，是容易受到外界影响的时期（图1-9、图1-10）。

图1-9

图1-10

## 二、儿童的体型特征

儿童时期的体型随着年龄的增加发生急剧的变化，每一个阶段的变化都不尽相同，不同个体之间也存在很大差异，因此在童装的设计中需要详细了解各个时期的不同个体的体型特征，才能够制作出适合的童装。

### （一）头身比变化

婴儿时期，头大身短，头身比约为1∶4，随着年龄的增加，头身比逐渐增大。幼儿期头身比约为1∶4.5，到学龄前期为1∶5~1∶6，学龄期则增加为1∶6~1∶6.5，直到少年时期逐渐变为1∶7~1∶7.5，与成年人相似。

### （二）颈长变化

刚出生的婴儿几乎看不出脖颈，只占身长的2%左右。随着年龄的增长，颈长所占身长比例逐渐增加。2岁时约占身高的3.5%，6岁时达到4.8%，到8~10岁时，儿童颈长所占比例几乎与成年人相同，达到5.15%左右。到15岁时，颈长数值与成年人基本相同。

### （三）躯干变化

婴幼儿时期的躯干部分由于脂肪的沉积，显得比较浑圆。腹部向前突出明显，腰部最凹，因此身体向前弯曲成弧形，肩窄，四肢短小，胸腰臀差距不大。随着进入学龄期，躯干逐渐变得结实灵活，但8岁以前，男、女儿童均没有太大体型差异。8岁以后，胸腰臀的差异开始明显。随着少年期的到来，少女开始逐渐变为脂肪体型，胸腰臀差异显著；少年则在身高、体重、胸围的发育上均超过少女，变为肌肉体型。

### （四）下肢变化

婴儿期下肢部分大腿很短，1~2岁儿童下肢约是身长的32%。随着成长，下肢与身长的比例逐渐接近1∶2，其中大腿增长显著，1岁时大腿内侧长度约10cm，3岁时达到约15cm，8岁时达到约25cm，15岁时达到35cm，基本接近成年人的长度。6岁以前的儿童很难双脚并立站稳，只能分开站立。

# 第二节 结构设计与工艺制作需要的工具与材料

## 一、结构设计与工艺制作需要的工具

在服装结构设计与工艺制作的过程中，为了令成品效果良好，会使用到各种各样的工具及设备，每种工具及设备都有各自的用途，以下展示了常用的服装度量工具、标记工具、裁剪缝制工具、缝制设备及整形工具的名称、外观及用途。

### （一）主要度量工具（图1-11）

①三角尺：用于样板中垂直线条等的绘制。

②曲线尺：用于样板中弧线的绘制，如袖窿、领窝等。

③软尺：常用于人体测量以及服装成品测量等。

④推板尺：用于直线和平行线的规划，常用于推板。

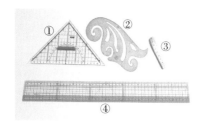

图1-11

### （二）主要标记工具（图1-12）

①记号笔：用于样板中垂直线条等的绘制。

②划粉：常用于描绘净样缝印，色彩种类较多。

③滚轮：亦称擂盘、复描器，用于转移作图纸样或复印纸上拓印。

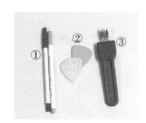

图1-12

### （三）主要裁剪缝制工具（图1-13）

①剪刀：常用服装裁剪工具，对面料等进行裁剪。

②纱剪：用于修剪线头等。

③大头针：用于别住面料整型或固定。

④针插：亦称插针包，插大头针的工具。

⑤顶针：手工缝制的辅助工具，在缝制时顶住针尾以利于手工针顺利穿刺。

⑥手缝针：手工缝制的基本工具。

⑦镊子：用于穿线及穿珠等的工具。

⑧拆线器：用于缝线的拆除。

⑨锥子：用于服装边角部位的整理或穿刺定位等。

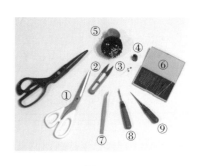

图1-13

**（四）主要缝制设备**

①工业平缝机：服装工业生产中最普遍的缝制设备，用于各种面料的缝合（图1-14）。

图1-14

②包缝机：用于面料边缘的包缝（图1-15）。

图1-15

③家用缝纫机：家庭使用的缝纫机，操作简单，转速适当（图1-16）。

图1-16

④锁眼机：用于服装锁扣眼（图1-17）。

图1-17

⑤钉扣机：用于钉纽扣（图1-18）。

图1-18

⑥裁剪台：进行铺料、裁剪的工作台（图1-19）。

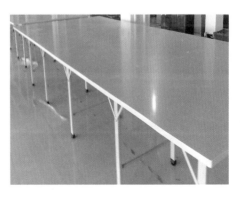

图1-19

### （五）主要整型工具

①熨斗：熨烫的主要工具，可分为普通电熨斗、调温熨斗、蒸汽熨斗（图1-20）。

图1-20

②熨烫台：熨烫时使用的整理台（图1-21）。

图1-21

③人台：用于服装立体裁剪或制作过程中对服装整型（图1-22）。

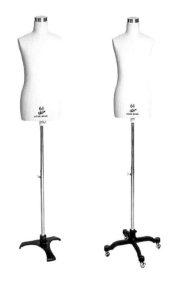

图1-22

## 二、常用材料

### （一）服装面料

#### 1. 棉织物

棉织物具有吸湿透气、穿着舒适、风格朴素的特点，但是一般易起皱，弹性较差，不耐磨，易生霉。棉纤维与各种化学纤维混纺的织物，可以提高织物的防皱性，改善织物弹性。棉织物又可分为棉平纹织物、棉斜纹织物、棉缎纹织物以及彩色棉织物等（图1-23）。

图1-23

#### 2. 麻织物

麻织物具有吸湿散湿快、透气散热性好、断裂强度高、断裂伸长小等特点。主要分为苎麻织物、大麻织物、罗布麻织物及亚麻织物等，具有天然及回归自然的风格（图1-24）。

图1-24

### 3. 丝织物

丝织物主要是指利用天然蚕丝织成的各种织物，品种及规格变化丰富，如绸、缎、纺、纱、绢、锦、绫、罗等。丝织物富有光泽，具有独特的丝鸣感，手感爽滑，穿着舒适，高雅华丽，属于纺织品中的高档品种（图1-25）。

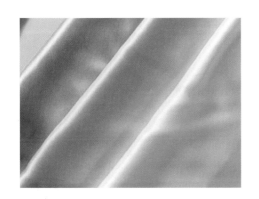

图1-25

### 4. 毛织物

毛织物是纺织品中的高端产品。由于羊毛具有独特的纤维结构，使毛织物光泽自然，颜色雅致，手感舒适，品种丰富，保暖性、吸湿性、耐污性、弹性恢复性等优良，应用非常广泛。毛织物又分为精纺毛织物、粗纺毛织物和长毛绒（图1-26）。

图1-26

### 5. 皮革及皮草

鞣制后的动物毛皮称为皮草，经过加工处理后的光面或绒面皮板称为皮革。皮草轻便柔软，坚实耐用，保暖性强，既可做面料，又可充当里料即絮料（图1-27）。皮革柔软挺括，耐磨耐压，透气厚重，是制作外套的常用面料（图1-28）。

图1-27

图1-28

### 6. 化学纤维

化学纤维是指以天然的或合成的聚合物为原料，经过化学方法和机械加工制成的纤维。根据原料的不同，化学纤维可分为再生纤维和合成纤维两大类。

再生纤维也称为人造纤维，是采用天然聚合物或去纺织加工价值的天然纤维原料，经人工溶解再抽丝制成的纤维。其性能与天然纤维非常近似，再生纤维织物透气性能良好，吸湿，穿着舒适，但缺少天然纤维的挺括感，回弹性差，易起皱易缩水。如人造棉、人造丝等（图1-29）。

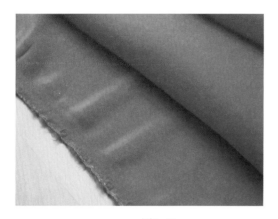

图1-29

合成纤维是以煤、天然气、石油等制成的低分子化合物为原料，经过人工合成和机械加工制成的纤维，常见的有涤纶、腈纶、锦纶、氨纶等。合成纤维织物质地坚固、抗皱，但透气性和吸湿性差（图1-30）。

图1-30

**（二）服装里料**

服装里料是用来部分覆盖服装里面的材料，俗称里子，一般用于中高档服装、有填充料的服装和需要加强面料支撑的服装。面料不同、档次不同、服装风格不同，选择的里料也不同。里料可以使服装提高档次并获得好的保型性，使服装穿着舒适，

穿脱方便，并且能够保护服装面料，减少面料与内衣之间的摩擦并增加服装的保暖性。里料也分天然纤维里料、合成纤维里料、混纺交织里料等。在选用里料时要注意其服用性能、颜色、成本等与服装面料款式相匹配（图1-31）。

图1-31

**（三）服装衬料**

服装衬料是指用于面料和里料之间，在服装某一局部（如衣领、袖口、袋口、裤腰、西服胸部、肩部等）所加贴的衬布。衬料是服装的骨骼，起着支撑、拉紧定型的作用。在选用衬料时，必须要配合服装品种、工艺流程、面料特性和穿用习惯来选择。

**1. 黏合衬**

黏合衬是在织物底布涂覆热熔胶，使用时将衬布裁成需要的形状，然后将其涂有热熔胶的一面与面料背面相叠，通过热熔合机或熨斗加热，以一定的温度、压力、时间完成衬与面料的黏合，称为黏衬。其能够"以粘代缝"的基本特点，大大提高了服装的加工效率。经黏合的面料具有良好的保型性、挺括性、悬垂性、抗皱性、稳定性，使服装美观、舒适、平整、稳固，并增加穿着耐用牢度。目前是服装生产中的主要衬料（图1-32）。

图1-32

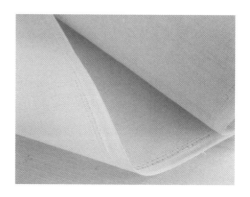

图1-34

### 2. 毛衬

毛衬是一种传统衬布，以细支棉或混纺纱线为经纱，以动物性纤维或毛混纺纱为原料加工成基布，经过各种特殊加工而成，包括黑炭衬、马尾衬等。毛衬质感较粗涩，硬挺性好，弹性突出，主要用于西服、大衣等外衣的前身、肩、袖窿等部位，使服装上部挺括，能提升服装的丰满感和穿着舒适感（图1-33）。

### 4. 非织造布衬

非织造布衬是采用非织造布为基布，进行黏合涂层加工或树脂整理等特殊加工工艺处理而成的衬布。既具有一般衬布的性能，又具有重量轻，透气性、保形性、回弹性及保暖性良好，洗涤后不回缩，切口不散脱，价格低廉等优点，多用于一般性服装，如夹克、女套衫等，不适用于特别强调硬挺性的服装和特别需加固的部位（图1-35）。

图1-33

图1-35

### 3. 树脂衬

树脂衬是以纯棉、涤纶混纺、麻和化纤等薄型织物为主体，经过树脂整理而制成的衬布，稳定性、硬挺性和弹性均较好，且成本低，多用于男女衬衫的领、袖口、门襟等部位以及作为领带衬、腰衬、西服牵条衬等，起到挺括、补强的作用（图1-34）。

### （四）缝纫线

缝纫线的种类很多，可用于不同材质和颜色的布料，满足服装不同部位和不同制作工艺的需要。在选择缝纫线时，要与服装款式、颜色、厚度、材质相匹配，要充分考虑服装的实际用途、穿着环境和保养方式（图1-36）。

图1-36

### 1. 天然纤维缝纫线

天然纤维缝纫线包括棉、丝等缝纫线。棉线强度、尺寸稳定性好，耐热性优良，但弹性和耐磨性较差，适用于中高档棉制品等。丝线光泽好，手感柔软，耐热性好，强度、弹性都优于棉线，多用于高档服装和丝绸，但价格高，易磨损，目前已逐渐被涤纶长丝线替代。

### 2. 化纤缝纫线

化纤缝纫线包括涤纶缝纫线、锦纶缝纫线等。涤纶线具有强度高、耐磨性好，缩水率低，吸湿性及耐热性、耐腐蚀性好，色泽齐全，色牢度好，不褪色、不变色，价格低廉、适用性广等优点，在缝纫线中占主导地位。锦纶线耐磨性好、强度高、色泽亮、弹性好，耐热性稍差，通常用于较结实的织物，不用于高速缝纫和需高温整烫的织物。

### 3. 混纺缝纫线

混纺缝纫线以涤棉混纺线和包芯线为主，是当前规格较多、适用范围较广的一类缝纫线。涤棉线是用65%的涤纶短纤维与35%的优质棉混纺而成，强度、耐磨性、耐热性都较好，线质柔软有弹性，适用于各类织物的缝制与锁边。包芯线是以合成纤维长丝（多是涤纶）为芯线，以天然纤维（通常是棉）为包覆纱纺制而成，弹力高、线质好，兼具了棉与涤的双重特性，适用于高档服装及中厚型织物的高速缝纫。

### 4. 装饰缝纫线

装饰缝纫线多用于服装上强调造型和线条，真丝装饰线色彩艳丽，色泽优雅柔和；人造丝装饰线由黏胶纤维制成，光泽及手感均不错，但在强力上稍逊于真丝线。金银线装饰效果强，多用于中式服装及时装的明线和局部图案装饰。

## （五）其他辅料

服装上的其他辅料包括垫料、填絮料以及紧扣材料等，这些辅料对服装的功能性和美观性起到了不可替代的作用。在选用这些辅料时，要根据服装的款式、色彩、面料性能、适用场合、适用人群等各方面因素综合考虑。

### 1. 服装垫料

服装垫料是为了满足服装特定的造型和修饰人体的目的，对特定部位按照设计要求进行加高、加厚或平整，或用以起隔离、加固等修饰，使服装达到合体、挺拔、美观的效果，并可以弥补体型缺陷。如肩垫（图1-37）、胸垫、领垫、袖顶棉等。

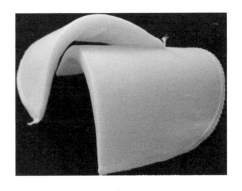

图1-37

### 2. 服装填絮料

服装填絮料指在服装面料与里料之间的填充材料，如棉絮、丝绵、羽绒、塑料、太空棉等（图1-38、图1-39），可以增加服装的保暖性和保形性。此外，还可以赋予服装一些特殊功能，如作为衬里增加绣花或绢花的立体感。

图1-38

图1-40

图1-39

图1-41

### 3. 服装紧扣材料

服装紧扣材料，如纽扣（图1-40）、拉链（图1-41）、尼龙搭扣、绳带（图1-42）等，在服装中起到封闭、扣紧、连接、装饰作用，具有重要的实用功能和装饰功能。

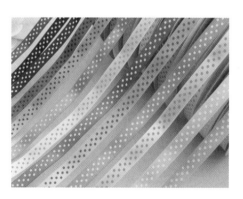

图1-42

## 第三节　服装结构与工艺的符号

服装工艺术语是在长期的服装制作过程中流传下来的特定的名词或技术名词，是经过约定俗成形成的规范性语言。在服装生产中，使用标准的服装术语有利于沟通、交流、传承、管理和发展。以下为部分摘录于GB/T 15557—2008中的有关服装制图及缝制工艺的术语及符号。

# 一、常用服装制图及缝制符号（表1-1）

表1-1 常用服装制图及缝制符号

| 序号 | 名称 | 表现形式 | 用 途 |
|---|---|---|---|
| 1 | 粗实线 | —————— | 服装及零部件轮廓线 |
| 2 | 细实线 | ———— | 图样结构的基本线、尺寸线、尺寸界线或引出线 |
| 3 | 虚线 | - - - - - - - | 背影轮廓影示线、缝纫明线 |
| 4 | 点划线 | —·—·— | 对折线 |
| 5 | 双点划线 | —··—··— | 某部分需要折转的线 |
| 6 | 等分线 | ⌢⌢ | 表示某部位平均等分 |
| 7 | 直角 | ⌐ ⌐ ⌐ | 表示相交的两条直线呈直角 |
| 8 | 拼合 | ▭⊗⊗▭ | 表示两个部分在裁片中拼合在一起 |
| 9 | 缩缝 | ∿∿∿∿ | 用于布料缝合时收缩 |
| 10 | 省道 | ◇ ⊳ | 表示省道的位置 |
| 11 | 归拢 | ⌒⌒⌒ | 表示需熨烫归缩的部位 |
| 12 | 拔开 | ⋀⋀⋀ | 表示需熨烫抻开的部位 |
| 13 | 拉链 | ⊓⊔⊓⊔⊓⊔ | 表示拉链 |
| 14 | 花边 | ⌒⌒⌒⌒ | 表示装有花边的位置 |
| 15 | 经向 | ↕ | 表示布料直丝缕方向 |
| 16 | 褶裥 | ▱▨ ▨▱ | 表示褶裥 |
| 17 | 等量 | □ ○ ☆ | 相同符号表示大小长度相等 |
| 18 | 等长 | ⧓ ⧓ | 表示两线段长度相等 |
| 19 | 毛向 | ⟶ | 绒毛或图案的顺向 |
| 20 | 扣眼位 | ⊢——⊣ | 锁扣眼的位置 |
| 21 | 扣位 | ⊕ | 钉纽扣的位置 |

## 二、常用服装术语

### （一）常用服装概念术语（表1-2）

表1-2　常用服装概念术语

| 序号 | 名称 | 用　途 |
|---|---|---|
| 1 | 验色差 | 检查原、辅料色泽级差，按色泽级差归类 |
| 2 | 查疵点 | 检查原、辅料疵点 |
| 3 | 划样 | 用样板或漏划板按不同规格在原料上划出衣片裁剪线条 |
| 4 | 排料 | 在裁剪过程中，对布料如何使用及用料的多少所进行的有计划的工艺操作 |
| 5 | 铺料 | 按照排料的要求（如长度、层数等），把布料平铺在裁床上 |
| 6 | 钻眼 | 亦称为扎眼。用电钻在裁片上做出缝制标记 |
| 7 | 配零料 | 配齐一件衣服的零部件材料 |
| 8 | 验片 | 检查裁片质量 |
| 9 | 换片 | 调换不符合质量要求的裁片 |
| 10 | 分片 | 将裁片分开整理，即按序号配齐或按部件的种类配齐 |
| 11 | 缝合、合、缉 | 均指用缝纫机缝合两层或以上的裁片，俗称缉缝、缉线。为了使用方便，一般将"缝合""合"称为暗缝，即在产品正面无线迹，"合"则是缝合的缩略词；"缉"称为明缝，即在成品正面有整齐的线迹 |
| 12 | 缝份 | 俗称缝头，指两层裁片缝合后被缝住的余份 |
| 13 | 缝口 | 两层裁片缝合后正面所呈现出的痕迹 |
| 14 | 绱 | 亦称装，一般指部件安装到主件上的缝合过程，如绱（装）领、绱袖、绱腰头；安装辅件也称为绱或装，如绱拉链、绱松紧带等 |
| 15 | 打刀口 | 亦称打剪口、打眼刀、剪切口，"打"即剪的意思。在绱袖、绱领等工艺中，为了使袖、领与衣片吻合准确，而在规定的裁片边缘剪0.3cm深的小三角缺口作为定位标记 |
| 16 | 包缝、锁边 | 亦称锁边、拷边、码边，指用包缝线迹将裁片毛边包光，使织物纱线不易脱散 |
| 17 | 针迹 | 指缝针刺穿缝料时，在缝料上形成的针眼 |
| 18 | 线迹 | 指缝制物上两个相邻针眼之间的缝线形式 |
| 19 | 缝型（缝子） | 指缝纫机缝合衣片的不同方法 |
| 20 | 缝迹密度 | 指在规定单位长度内的线迹数，也称针距密度。一般单位长度为2cm或3cm |

### （二）常用服装缝制术语（表1-3）

表1-3　常用服装缝制术语

| 序号 | 名称 | 用　途 |
|---|---|---|
| 1 | 烫原料 | 熨烫原料褶皱 |
| 2 | 绱袖衩 | 将袖衩边与袖口贴边缲牢固定 |
| 3 | 打线丁 | 用白棉纱结在裁片上做出缝制标记，一般用于毛呢服装上的缝制标记 |
| 4 | 修片 | 按标准样板修剪毛坯裁片 |

| 序号 | 名称 | 用 途 |
|---|---|---|
| 5 | 环缝 | 将毛呢服装剪开的省缝用环形针法绕缝，以防纱线脱散 |
| 6 | 烫衬 | 熨烫衬料，使之与面料相吻合 |
| 7 | 缉衬 | 机缉衣身衬布 |
| 8 | 敷胸衬 | 在前衣片上敷胸衬，使衣片与衬布贴合一致，且衣片布纹处于平衡状态 |
| 9 | 纳驳头 | 亦称扎驳头，用手工或机器扎驳头 |
| 10 | 归拔前衣片 | 亦称为推门，将平面前衣片推烫成立体形态的衣片 |
| 11 | 缉领子 | 将领子缝装在领窝处 |
| 12 | 分烫领串口 | 将领串口缉缝分开熨烫 |
| 13 | 敷牵条 | 将牵条布敷在止口或驳口部位 |
| 14 | 缉袋嵌线 | 将口袋嵌线料缉在开袋口线两侧 |
| 15 | 开袋口 | 将已缉袋嵌线的袋口中间部分剪开 |
| 16 | 封袋口 | 袋口两端机缉倒回针封口，也可用套结机进行封结 |
| 17 | 敷挂面 | 将挂面敷在前衣片止口部位 |
| 18 | 合止口 | 将衣片和挂面在门里襟止口处机缉缝合 |
| 19 | 扳止口 | 将止口毛边与前身衬布用斜针扳牢 |
| 20 | 合背缝 | 将背缝机缉缝合 |
| 21 | 扣烫底边 | 将底边折光或折转熨烫 |
| 22 | 装垫肩 | 将垫肩装在袖窿肩头部位 |
| 23 | 定眼位 | 按衣服长度和造型要求划准扣眼位置 |
| 24 | 锁扣眼 | 将扣眼毛边用粗丝线锁光。一般有机锁和手工锁眼 |
| 25 | 翻小襻 | 小襻的面、里料缝合后将正面翻出 |
| 26 | 缲袖窿 | 撬袖窿里子 |
| 27 | 镶边 | 将镶边料按一定宽度和形状缝合安装在衣片边沿上 |
| 28 | 缉明线 | 机缉或手工缉缝于服装表面的线迹 |
| 29 | 缉拉链 | 将拉链装在门里襟或侧缝等部位 |
| 30 | 缉袖衩条 | 将袖衩条装在袖片衩位上 |
| 31 | 封袖衩 | 在袖衩上端的里侧机缉封牢 |
| 32 | 缉腰头 | 将腰头安装在裤片腰口处 |
| 33 | 缉串带襻 | 将串带襻装缝在腰头上 |
| 34 | 封小裆 | 将小裆开口机缉或手工封口，增加前门襟开口的牢度 |
| 35 | 抽碎褶 | 用缝线抽缩成不规则的细褶 |
| 36 | 手针工艺 | 应用手针缝合衣料的各种工艺形式 |
| 37 | 吃势 | 亦称层势。"吃"指缝合时使衣片缩短，吃势指缩短的程度。吃势分为两种：一是两衣片原来长度一致，缝合时因操作不当，造成一片长、一片短（即短片有了吃势），这是应避免的缝纫弊病；二是将两片长短略有差异的衣片有意地将长衣片某个部位缩进一定尺寸，从而达到预期的造型效果。例如，圆装袖的袖山有吃势可使袖山顶部丰满圆润。部件面的角端有吃势可使部件面的止口外吐，从正面看不到里料，还可使表面形成自然的窝势，不反翘，如袋盖圆角、领面领角等处 |

续表

| 序号 | 名称 | 用　途 |
|------|------|--------|
| 38 | 里外匀 | 亦称里外容，指由于部件或部位的外层松、里层紧而形成的窝服形态。其缝制加工的过程称为里外匀工艺，如钩缝袋盖、驳头、领子等，都需要采用里外匀工艺 |
| 39 | 修剪止口 | 指将缝合后的止口缝份剪窄，有修双边和修单边两种方法。其中修单边亦可称为修阶梯状，即两缝份宽窄不一致，一般宽的为0.7cm，窄的为0.4cm，质地疏松的面料可再增加0.2cm左右 |
| 40 | 归 | 归是归拢之意，指将长度缩短的工艺，一般有归缝和归烫两种方法。裁片被烫的部位，靠近边缘处出现弧形绺，被称为余势 |
| 41 | 拔 | 拔是拔长、拔开之意，指使平面拉长或拉宽。后背肩胛处的拔长、裤子的拔裆、臀部的拔宽等，都可以采用拔烫的方法 |
| 42 | 推 | 推是归或拔的继续，指将裁片归的余势、拔的回势推向人体相对应凸起或凹进的位置 |
| 43 | 起壳 | 指面料与衬料不贴合，即里外层不相融 |
| 44 | 极光 | 熨烫时裁片或成衣下面的垫布太硬或无垫布盖烫而产生的亮光 |
| 45 | 止口反吐 | 指将两层裁片缝合翻出后里层止口超出面层止口 |
| 46 | 起吊 | 指使衣缝皱缩、上提，或成品上衣面、里不符，里子偏短引起的衣面上吊、不平服 |
| 47 | 胖势 | 亦称凸势，指服装应凸出的部位胖出，使之圆润、饱满。上衣的胸部、裤子的臀部等，都需要有适当的胖势 |
| 48 | 胁势 | 亦称吸势、凹势，指服装应凹进的部位吸进。西装上衣腰围处、裤子后裆以下的大腿根部位等，都需要有适当的胁势 |
| 49 | 翘势 | 主要指小肩宽外端略向上翘以及后腰口的起翘等 |
| 50 | 窝势 | 多指部件或部位由于采用里外匀工艺，呈现出正面略凸、反面凹进的形态。与之相反的形态称反翘，是缝制工艺中的弊病 |
| 51 | 水花印 | 指盖水布熨烫不匀或喷水不匀，出现水渍 |
| 52 | 定型 | 指使裁片或成衣形态具有一定的稳定性的工艺过程 |
| 53 | 起烫 | 指消除极光的一种熨烫技法。需在有极光处盖水布，用高温熨斗快速轻轻熨烫，趁水分未干时揭去水布自然晾干 |

# 第四节　儿童人体的测量方法

## 一、测量对象的姿势和部位

被测者需要自然站姿，着装尽量少。

测量的部位分为点、围度、宽度、长度四个方面。具体测量部位与测量方法见表1-4。

表1-4 测量部位与测量方法

| 序号 | 部位 | 位置与测量方法 |
|---|---|---|
| 1 | 颈前中心点 | 左右锁骨的上沿与前正中线的交点 |
| 2 | 颈侧点 | 颈外侧面与肩部交点 |
| 3 | 第7颈椎点 | 颈后的第7颈椎突出点 |
| 4 | 肩端点 | 手臂与肩部的交点，从侧面看上臂的正中央处 |
| 5 | 肘点 | 肘关节处的内侧点 |
| 6 | 腕点 | 尺骨下端处外侧突出点 |
| 7 | 臀突点 | 臀部最突出点 |
| 8 | 头围 | 沿眉间点通过后脑最突出处一周的围度 |
| 9 | 颈根围 | 通过颈前中心点、颈侧点、第7颈椎点的围度 |
| 10 | 颈围 | 围绕颈部最细处一周 |
| 11 | 胸围 | 通过胸部最丰满处的水平围度 |
| 12 | 腰围 | 腰部最细处的水平一周的围度 |
| 13 | 腹围 | 通过乳儿肚脐围绕一周 |
| 14 | 臀围 | 臀部最丰满处水平一周的围度 |
| 15 | 大腿根围 | 臀底部大腿最粗处水平围绕一周的围度 |
| 16 | 小腿围 | 小腿最粗处水平围绕一周的围度 |
| 17 | 臂围 | 上臂最粗处围绕一周的围度。 |
| 18 | 腕围 | 腕点最粗处围绕一周的围度 |
| 19 | 肘围 | 沿肘点最粗处围绕一周 |
| 20 | 掌围 | 大拇指往里收，最宽处围绕一周的围度 |
| 21 | 肩宽 | 通过左肩端点、第7颈椎点至右肩端点的长度 |
| 22 | 小肩宽 | 颈侧点到肩端点的距离 |
| 23 | 胸宽 | 前胸两腋点之间的距离 |
| 24 | 背宽 | 后背两腋点之间的距离 |
| 25 | 背长 | 从第7颈椎点到腰围线的长度 |
| 26 | 第7颈椎点高 | 从第7颈椎点到腰围线，再到臀围线，最后到地面的长度 |
| 27 | 腰高 | 从腰围线到地面的距离 |
| 28 | 上裆长 | 腰围线到大腿根部的距离，也是腰高减去下裆长的距离 |
| 29 | 下裆长 | 从大腿根部量到地面的距离 |
| 30 | 膝高 | 膝盖到地面的高度 |
| 31 | 臂长 | 从肩端点沿臂外侧经肘点到腕点的距离 |
| 32 | 脚长 | 从脚后跟到最长脚趾头端的距离 |
| 33 | 颈长 | 从下颚与头相交处到颈前中心点的距离 |

## 二、测量部位展示图

（一）基准点测量图（图1-43）

（二）围度测量图（图1-44）

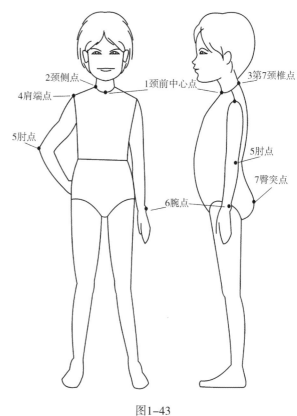

图1-43

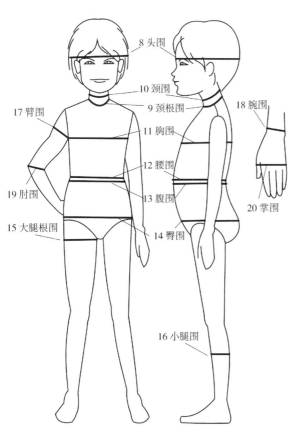

图1-44

（三）宽度测量图（图1-45）

（四）长度测量图（图1-46）

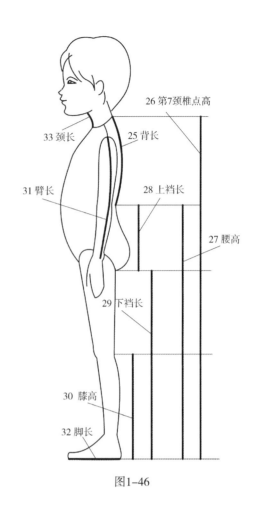

26 第7颈椎点高

33 颈长　　25 背长

31 臂长　　28 上裆长

27 腰高

29 下裆长

30 膝高

32 脚长

图1-46

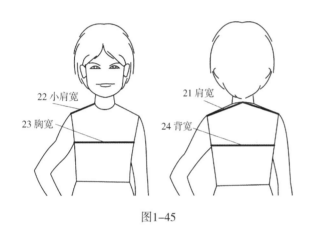

22 小肩宽

23 胸宽

21 肩宽

24 背宽

图1-45

# 第五节　国家号型标准

## 一、号型的定义

身高、胸围和腰围是人体的基本部位，也是最有代表性的部位，用这些部位的尺寸可以推算出其他各部位的尺寸。用这些部位及体型分类代号作为服装成品规格的标志，消费者易接受，也方便服装生产和经营。

"号"指人体的身高，是设计服装长度的依据。人体身高与颈椎点高、坐姿颈椎点高、腰高和臂长等密切相关，它们随着身高的增长而增长。

"型"指人体的净体胸围或净体腰围，是设计服装围度的依据。它们与臀围、颈围和肩宽同样不可分割。

## 二、号型的设置

中国国家标准规定，身高在80~130cm的儿童不分性别，身高以10cm分档，胸围以4cm分档，腰围以3cm分档，分别组成上、下装的号型；身高在135~160cm的男童和135~155cm的女童，则身高以5cm分档，胸围、腰围仍分别以4cm和3cm分档。其中胸围的变化范围从48cm起，直到76cm。

儿童不分体型。

## 三、童装号型各系列控制部位数值

### （一）中国国标童装号型各系列控制部位数值

控制部位数值，指人体的净体值，是设计服装规格的依据。

## 1. 身高80～130cm儿童的控制部位数值（表1-5～表1-7）

表1-5　身高80～130cm儿童长度方向的控制部位数值　　　　单位：cm

| 号 | | 80 | 90 | 100 | 110 | 120 | 130 |
|---|---|---|---|---|---|---|---|
| 长度 | 身高 | 80 | 90 | 100 | 110 | 120 | 130 |
| | 坐姿颈椎点高 | 30 | 34 | 38 | 42 | 46 | 50 |
| | 臂长 | 25 | 28 | 31 | 34 | 37 | 40 |
| | 腰高 | 44 | 51 | 58 | 65 | 72 | 79 |

表1-6　身高80～130cm儿童围度方向上装的控制部位数值　　　　单位：cm

| 号 | | 48 | 52 | 56 | 60 | 64 |
|---|---|---|---|---|---|---|
| 围度 | 胸围 | 48 | 52 | 56 | 60 | 64 |
| | 颈围 | 24.20 | 25 | 25.80 | 26.60 | 27.40 |
| | 总肩宽 | 24.40 | 26.20 | 28 | 29.80 | 31.60 |

表1-7　身高80～130cm儿童围度方向下装的控制部位数值　　　　单位：cm

| 号 | | 47 | 50 | 53 | 56 | 59 |
|---|---|---|---|---|---|---|
| 围度 | 腰围 | 47 | 50 | 53 | 56 | 59 |
| | 臀围 | 49 | 54 | 59 | 64 | 69 |

## 2. 身高135～160cm男童的控制部位数值（表1-8～表1-10）

表1-8　身高135～160cm男童长度方向的控制部位数值　　　　单位：cm

| 号 | | 135 | 140 | 145 | 150 | 155 | 160 |
|---|---|---|---|---|---|---|---|
| 长度 | 身高 | 135 | 140 | 145 | 150 | 155 | 160 |
| | 坐姿颈椎点高 | 49 | 51 | 53 | 55 | 57 | 59 |
| | 臂长 | 44.50 | 46 | 47.50 | 49 | 50.50 | 52 |
| | 腰高 | 83 | 86 | 89 | 92 | 95 | 98 |

表1-9　身高135～160cm男童围度方向上装的控制部位数值　　　　单位：cm

| 号 | | 60 | 64 | 68 | 72 | 76 | 80 |
|---|---|---|---|---|---|---|---|
| 围度 | 胸围 | 60 | 64 | 68 | 72 | 76 | 80 |
| | 颈围 | 29.50 | 30.50 | 31.50 | 32.50 | 33.50 | 34.50 |
| | 总肩宽 | 34.60 | 35.80 | 37 | 38.20 | 39.40 | 40.60 |

表1-10　身高135～160cm男童围度方向下装的控制部位数值　　　　单位：cm

| 号 | | 54 | 57 | 60 | 63 | 66 | 69 |
|---|---|---|---|---|---|---|---|
| 围度 | 腰围 | 54 | 57 | 60 | 63 | 66 | 69 |
| | 臀围 | 64 | 68.50 | 73 | 77.50 | 82 | 86.50 |

### 3. 身高135~155cm女童的控制部位数值（表1-11~表1-13）

表1-11 身高135~155cm女童长度方向的控制部位数值　　　　单位：cm

| 号 | | 135 | 140 | 145 | 150 | 155 |
|---|---|---|---|---|---|---|
| 长度 | 身高 | 135 | 140 | 145 | 150 | 155 |
| | 坐姿颈椎点高 | 50 | 52 | 54 | 56 | 58 |
| | 臂长 | 43 | 44.50 | 46 | 47.50 | 49 |
| | 腰高 | 84 | 87 | 90 | 93 | 96 |

表1-12 身高135~155cm女童围度方向上装的控制部位数值　　　　单位：cm

| 号 | | 60 | 64 | 68 | 72 | 76 |
|---|---|---|---|---|---|---|
| 围度 | 胸围 | 60 | 64 | 68 | 72 | 76 |
| | 颈围 | 28 | 29 | 30 | 31 | 32 |
| | 总肩宽 | 33.80 | 35 | 36.20 | 37.40 | 38.60 |

表1-13 身高135~155cm女童围度方向下装的控制部位数值　　　　单位：cm

| 号 | | 52 | 55 | 58 | 61 | 64 |
|---|---|---|---|---|---|---|
| 围度 | 腰围 | 52 | 55 | 58 | 61 | 64 |
| | 臀围 | 66 | 70.50 | 75 | 79.50 | 84 |

### （二）日本童装参考尺寸表

在制作童装时，把握尽可能多的部位尺寸十分重要。日本登丽美服装学院总结得到的婴幼儿、童装制作时的参考尺寸表数据详细，具有较高的参考价值，见表1-14。

表1-14 日本童装参考尺寸表　　　　单位：cm

| 年龄 | 1月 | 6月 | 1岁 | 3~4岁 | | 5岁 | | 6~7岁 | | 8岁 | | 9岁 | | 10~11岁 | | 12岁 | | 13岁 | |
|---|---|---|---|---|---|---|---|---|---|---|---|---|---|---|---|---|---|---|---|
| 性别 | | | | 女 | 男 | 女 | 男 | 女 | 男 | 女 | 男 | 女 | 男 | 女 | 男 | 女 | 男 | 女 | 男 |
| 身高 | 50 | 60 | 70 | 80 | | 90 | | 100 | | 110 | | 120 | | 130 | | 140 | | 150 | 160 |
| 颈根围 | | 23 | 24 | 25 | | 26 | | 28 | | 29 | | 30 | | 32 | 33 | 33 | 35 | 35 | 37 | 37 | 39 |
| 颈长 | 1 | 1 | 1.5 | 2 | | 3 | | 3.5 | | 4 | | 4.5 | | 5 | | 5.5 | | 6 | | 6.5 | |
| 颈围 | | | | | | | | | | | | | | 30 | | 32 | | 33 | |
| 胸围 | 33 | 42 | 45 | 48 | | 50 | | 54 | | 56 | | 60 | | 64 | | 68 | | 74 | | 80 | |
| 腹围 | | 40 | 42 | 45 | | 47 | | 50 | | | | | | | | | | | | |
| 腰围 | | | | 45 | 45 | 48 | 48 | 51 | 52 | 52 | 53 | 55 | 57 | 57 | 60 | 58 | 65 | 62 | 68 |
| 臀围 | | 41 | 44 | 47 | | 52 | | 58 | | 61 | 63 | 62 | 68 | 67 | 73 | 71 | 83 | 77 | 88 | 83 |
| 肩宽 | | 17 | 20 | 24 | | 27 | | 29 | | 30 | | 32 | | 35 | | 37 | | 40 | 41 |
| 小肩宽 | 5.4 | 6.1 | 6.8 | 7.5 | | 8.2 | | 8.5 | | 8.9 | | 9.6 | | 10.3 | | 11 | | 11.7 | | 12.4 | |
| 背长 | | 16 | 18 | 20 | 22 | 23 | 24 | 25 | 26 | 28 | 28 | 30 | 30 | 32 | 32 | 34 | 34 | 37 | 37 | 42 |
| 颈椎点高 | | 56 | 64 | 73 | | 82 | | 92 | | 101 | | 110 | | 120 | | 128 | 129 | 137 | 140 |

续表

| 年龄 | 1月 | 6月 | 1岁 | 3~4岁 | 5岁 | 6~7岁 | 8岁 | 9岁 | 10~11岁 | 12岁 | 13岁 |
|---|---|---|---|---|---|---|---|---|---|---|---|
| 臂长 | 18 | 21 | 25 | 28 | 31 | 35 | 38 | 41　42 | 45　46 | 48　49 | 52　52 |
| 臂围 | 14 | 15 | 16 | 16 | 17 | 18　17 | 19　18 | 20 | 21 | 23 | 25 |
| 腕围 | 10 | 11 | 11 | 11 | 11 | 12 | 12　13 | 13　13 | 14　14 | 14　15 | 15　16 |
| 掌围 | 11 | 12 | 13 | 14 | 15 | 16 | 17 | 18　19 | 19　20 | 20　21 | 21　22 |
| 大腿根围 | 25 | 26 | 27 | 30　29 | 32　31 | 34　33 | 37　36 | 40　39 | 43　41 | 48　44 | 51　48 |
| 小腿围 | 16 | 18 | 19 | 20 | 22 | 23 | 25 | 27 | 29　28 | 32　31 | 34　33 |
| 下裆长 |  | 25 | 30 | 36 | 42 | 48 | 54 | 60 | 65 | 70 | 75 |
| 上裆长 | 13 | 14 | 15 | 16 | 17　16 | 18　16 | 19　17 | 20　18 | 22　20 | 24　22 | 25　23 |
| 腰高 |  | 39 | 45 | 52 | 59　58 | 66　64 | 73　71 | 80　78 | 87　85 | 94　92 | 100　98 |
| 膝高 |  | 17 | 19 | 22 | 25 | 28 | 31 | 34 | 37 | 40 | 42　43 |
| 脚长 | 9 | 11 | 13 | 15 | 16 | 17　18 | 19　19 | 20　21 | 22　22 | 23　24 | 24　25 |
| 头围 | 33 | 41 | 45 | 47 | 49 | 50 | 51 | 51 | 52 | 53 | 54　55 |

# 第二章　婴儿装的结构与工艺设计

## 第一节　婴儿装的结构与工艺设计特点

从出生到1岁以内的这一阶段，婴儿所穿着的服装都可以称为婴儿装。由于婴儿大部分时间是在睡眠中度过，服装多以睡衣或连体衣为主。小婴儿脖颈过短，一般采用无领或平领设计。由于婴儿没有自理能力，其特有的服饰包括毛头衫、开裆裤、围嘴以及袜套等，其外出服装则需要防风、保暖，多穿着设计简单的斗篷、外套等，如图2-1、图2-2所示。同时，婴儿皮肤极其娇嫩，各方面器官尚未发育完全，因此贴身衣物要采用柔软、洁净、耐洗、不刺激皮肤、颜色浅淡的面料。随着婴儿快速的成长发育，在设计及结构上要考虑体型的变化，并以款式简洁、少装饰、容易穿脱为主。在工艺上，尽量采用减少缝份的设计工艺，内衣袖口、脚口多采用松紧口，边缘则采用包边处理，如图2-3、图2-4所示。

图2-3

图2-4

图2-1

图2-2

# 第二节　婴儿装的结构与工艺案例

## 案例一（制作实物）——婴儿斗篷

### （一）款式特点

**1. 款式图（图2-5）**

图2-5

**2. 平面款式图（图2-6）**

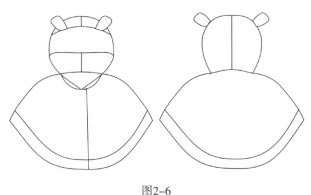

图2-6

**3. 款式说明**

此款斗篷为婴儿的外出服，有风帽，帽子上装饰耳朵造型，活泼可爱。如图2-5所示，此款斗篷由两种面料——面料（1）、面料（2）制作而成。

### （二）结构制图

**1. 规格设计（表2-1）**

表2-1　规格表　　　　单位：cm

| 号 | 衣长（$L$） | 头围（HS） |
|---|---|---|
| 80 | 27 | 47 |
| 90 | 30 | 49 |
| 100 | 34 | 50 |

## 2. 结构图（图2-7）

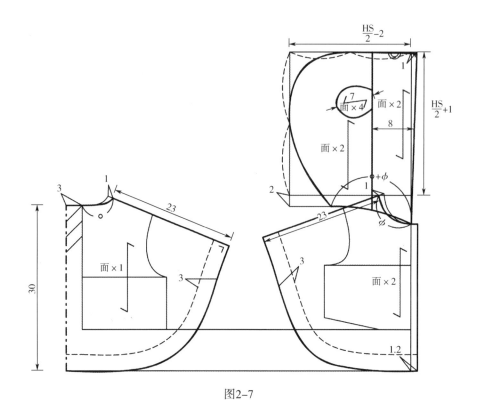

图2-7

## （三）样板放缝及排料图

### 1.样板放缝

除前门襟放缝份4cm外，其余放缝份1cm（图2-8）。

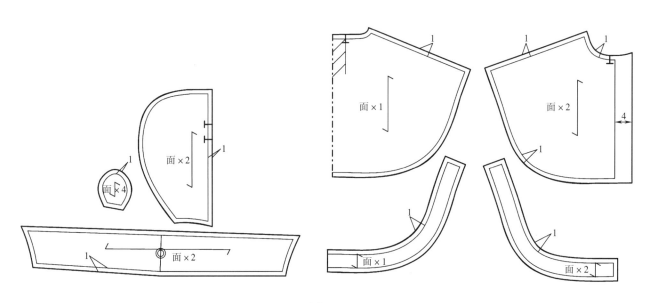

图2-8

**2. 排料**

面料（1）：幅宽148cm，平铺排料，用料65cm（图2-9）。

面料（2）：幅宽148cm，平铺排料，用料65cm（图2-10）。

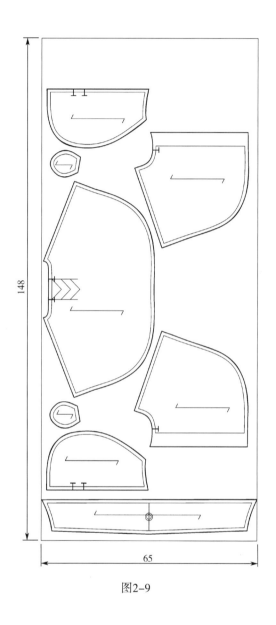

图2-9

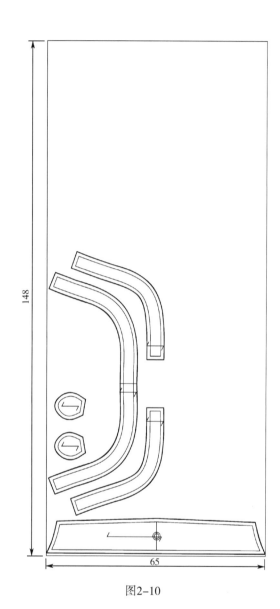

图2-10

**（四）工艺流程图（图2-11）**

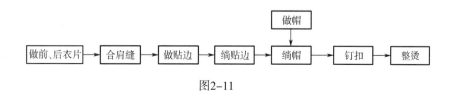

图2-11

**（五）制作过程**

**1. 做前、后衣片**

（1）在左、右前衣片门襟、里襟的反面粘衬，门、里襟的外口锁边（图2-12）。

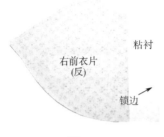

图2-12

（2）后衣片褶裥如图所示折叠（图2-13）。

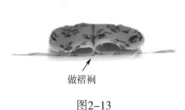

图2-13

（3）固定后衣片箱型裥（图2-14）。

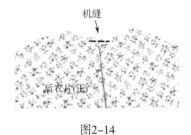

图2-14

**2. 合肩缝**

（1）前衣片与后衣片正面相对，从反面机缝肩缝，缝份1cm，左、右肩做法相同（图2-15）。

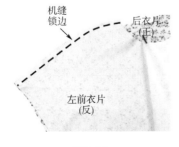

图2-15

（2）肩缝缝份倒向后衣片并缉明线0.5cm（图2-16）。

图2-16

**3. 做贴边**

（1）前、后贴边正面相对，从反面机缝1cm拼合（图2-17）。

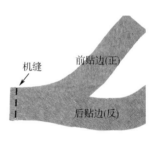

图2-17

（2）缝份劈缝熨烫（图2-18）。

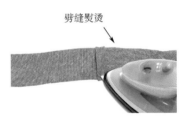

图2-18

（3）左、右前贴边端头折转熨烫1cm缝份（图2-19）。

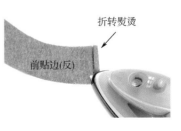

图2-19

**4.缝贴边**

（1）将左、右前衣片门襟、里襟向反面折转熨烫（图2-20）。

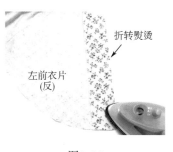

图2-20

（2）贴边正面与衣片反面相对，边缘对齐，从左前衣片开始沿底边机缝1cm至右前衣片，将贴边与衣片缝合（图2-21）。

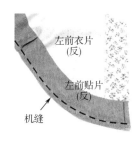

图2-21

（3）修剪缝份至0.3cm并在弧线处打剪口（图2-22）。

图2-22

（4）扣烫贴边上口缝份1cm（图2-23）。

图2-23

（5）将贴边翻转扣烫在衣片正面上（图2-24）。

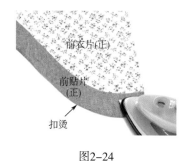

图2-24

（6）沿贴边正面上口缉明线0.5cm，将贴边机缝在衣片正面（图2-25、图2-26）。

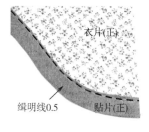

图2-25

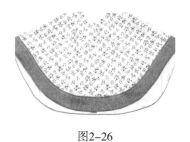

图2-26

**5.做帽**

（1）耳朵面反面粘衬（图2-27）。

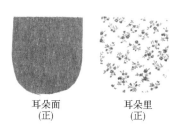

图2-27

（2）耳朵面与耳朵里正面相对，从反面沿净样线机缝弧线部分（图2-28）。

图2-28

（3）修剪缝份至0.3cm并在弧线处打剪口（图2-29）。

图2-29

（4）翻转至正面并熨烫平整（图2-30）。

图2-30

（5）将左右帽片正面相对，从反面机缝帽顶弧线1cm，合并锁边（图2-31、图2-32）。

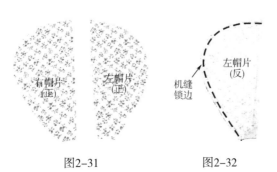

图2-31　　　　图2-32

（6）缝份倒向左帽片并缉明线0.5cm（图2-33）。

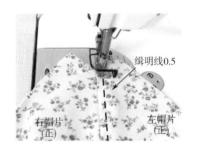

图2-33

（7）将耳朵里与帽片正面相对，找到绱耳朵片位置，机缝0.5cm固定（图2-34）。

图2-34

（8）在帽贴边面反面粘衬。帽贴边面与帽贴边里正面相对，从反面沿帽口直线机缝1cm（图2-35）。

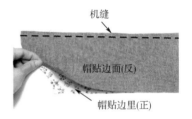

图2-35

（9）翻转至正面熨烫平整（图2-36）。

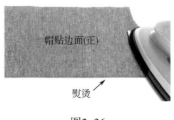

图2-36

（10）帽贴边里正面与帽片反面相对，机缝1cm拼合（图2-37）。

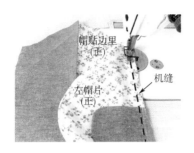

图2-37

（11）帽贴边面向反面扣烫1cm缝份（图2-38）。

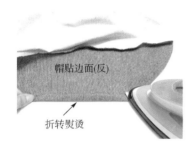

图2-38

（12）帽贴边面翻转扣压在帽片正面，盖住下面线迹，并缉0.1cm明线（图2-39）。

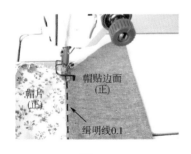

图2-39

（13）制作好的帽子（图2-40）。

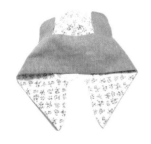

图2-40

**6. 绱帽**

（1）将帽片面与衣片面正面相对，衣片领口绱帽点与帽片对齐，衣片门、里襟折转，与衣片一起夹住帽片（图2-41）。

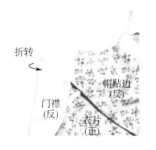

图2-41

（2）从左衣片里襟处开始机缝1cm至右衣片门襟处（图2-42）。

图2-42

（3）修剪领口缝份至0.5cm（图2-43）。

图2-43

（4）包边条对折扣烫缝份0.5cm（图2-44）。

图2-44

（5）领口缝份倒向衣身，包边条正面朝上，扣压在领口缝份上，左右各缉明线0.1cm，左右两端以塞入门、里襟1cm左右为宜（图2-45、图2-46）。

**7. 钉扣**

左、右衣片门、里襟领口处钉子母扣一个（图2-47、图2-48）。

图2-45

图2-47　　　　图2-48

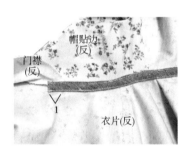

图2-46

**8. 整烫**

整烫顺序：帽子→肩缝→大身→底边。

## 案例二（制作实物）——连身裤

### （一）款式特点

**1. 款式图（图2-49）**

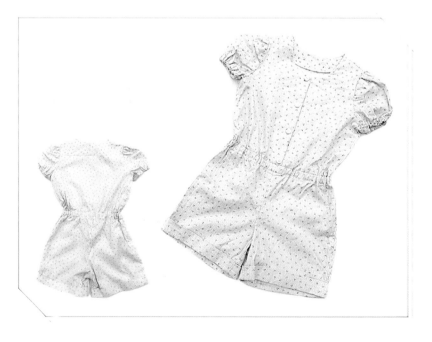

图2-49

**2. 平面款式图（图2-50）**

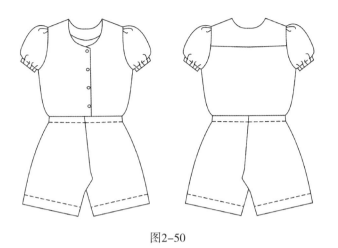

图2-50

**3. 款式说明**

此款为婴幼儿连衣裤，腰上绱松紧带，泡泡袖。

**（二）结构制图**

**1. 规格设计（表2-2）**

表2-2　规格表　　　　　单位：cm

| 号 | 胸围（$B$） | 上档（CD） | 臀围（$H$） |
|---|---|---|---|
| 60 | 56 | 15 | 56 |
| 70 | 59 | 16 | 59 |
| 80 | 62 | 17 | 62 |

**2. 结构图（图2-51）**

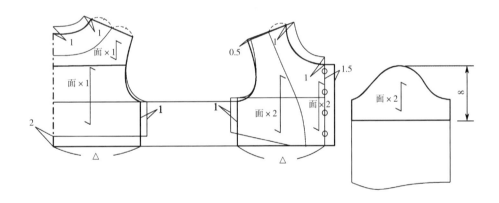

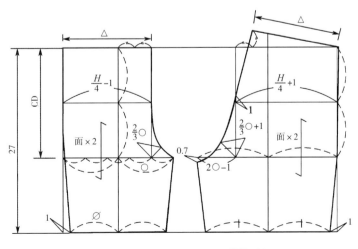

图2-51

### （三）样板放缝及排料图

#### 1. 样板放缝

除脚口放缝份6cm、衣片下摆放缝份3cm、袖口放缝份2.5cm外，其余放缝份1cm（图2-52）。

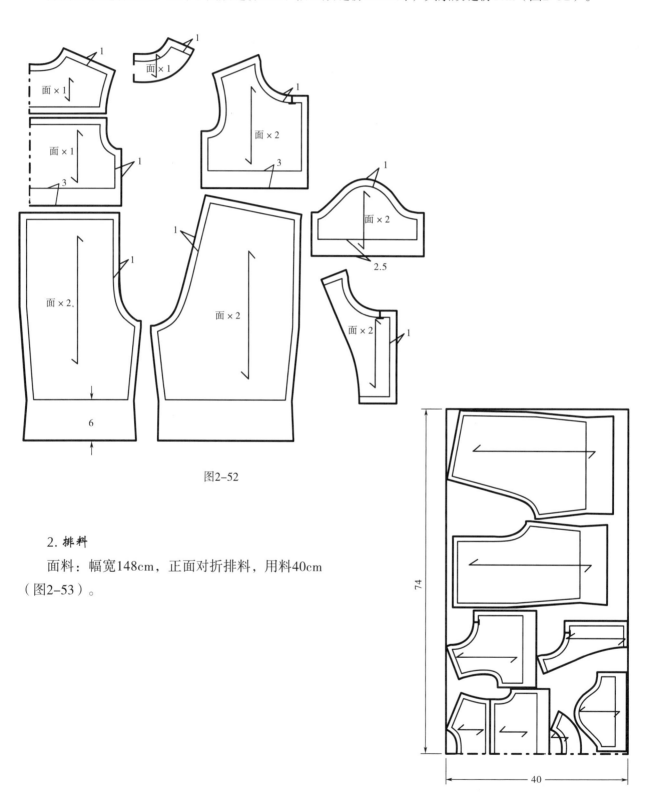

图2-52

#### 2. 排料

面料：幅宽148cm，正面对折排料，用料40cm（图2-53）。

图2-53

## （四）工艺流程图（图2-54）

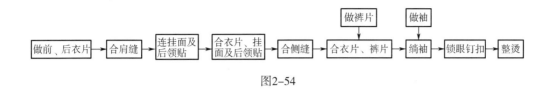

图2-54

## （五）制作过程

### 1. 做前、后衣片

（1）前衣片肩缝、侧缝锁边，如图2-55所示。

图2-55

（2）后衣片1与后衣片2正面相对，从反面机缝1cm，如图2-56所示。

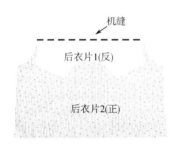

图2-56

（3）缝份合并锁边，如图2-57所示。

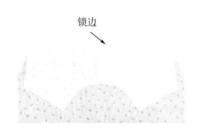

图2-57

（4）缝份倒向后衣片1，从正面缉明线0.1cm，如图2-58所示。

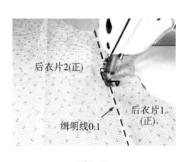

图2-58

（5）后衣片肩缝、侧缝锁边，如图2-59所示。

图2-59

### 2. 合肩缝

（1）前衣片与后衣片正面相对，从反面机缝肩缝1cm，如图2-60所示。

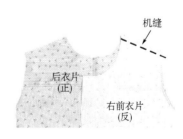

图2-60

（2）肩缝劈缝熨烫，如图2-61所示。

图2-61

（3）左、右两侧肩缝做法相同，如图2-62所示。

图2-62

### 3. 连挂面及后领贴

（1）后领贴反面粘衬，外口及肩缝锁边，如图2-63所示。

图2-63

（2）挂面反面粘衬，外口及肩缝锁边，如图2-64所示。

图2-64

（3）后领贴及挂面正面相对，从反面机缝肩缝1cm，如图2-65所示。

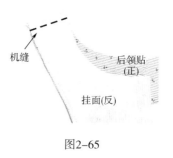

图2-65

（4）肩缝劈缝熨烫。左、右两边做法相同，如图2-66所示。

图2-66

### 4. 合衣片、挂面及后领贴

（1）将挂面及后领贴与衣片正面相对放置，如图2-67所示。

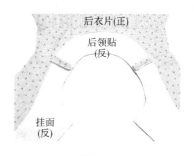

图2-67

（2）从反面沿左挂面、领贴、右挂面净样机缝至衣片底边处，缝份1cm，如图2-68所示。

图2-68

（3）修剪缝份至0.3cm，如图2-69所示。

图2-69

（4）翻转至正面熨烫挂面止口，注意不要吐里，如图2-70所示。

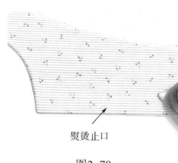

熨烫止口

图2-70

（5）缝份倒向领贴及挂面，摊开沿领贴及挂面缉明线0.1cm，如图2-71所示。

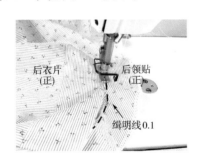

图2-71

（6）用三角针固定后领贴及肩缝，如图2-72所示。正面如图2-73所示。

三角针固定

图2-72

图2-73

### 5. 合侧缝

（1）前、后衣片正面相对，侧缝对齐，从反面沿侧缝净样机缝1cm，如图2-74所示。

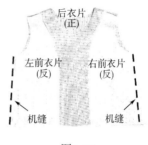

图2-74

（2）侧缝劈缝熨烫，如图2-75所示。

图2-75

### 6. 做裤片

（1）前、后裤片中缝、下裆缝及侧缝锁边，如图2-76、图2-77所示。

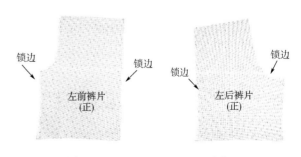

图2-76　　　　　图2-77

（2）左、右前裤片正面相对，从反面沿前中缝机缝1cm并劈缝熨烫，如图2-78所示。

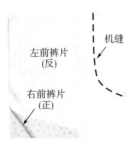

图2-78

（3）左、右后裤片正面相对，从反面沿后中缝机缝1cm并劈缝熨烫，如图2-79所示。

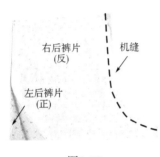

图2-79

（4）前、后裤片正面相对，对齐侧缝，从反面沿侧缝净样机缝1cm并劈缝熨烫，如图2-80所示。

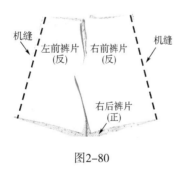

图2-80

（5）前、后下裆缝正面相对，从反面机缝1cm并劈缝熨烫，如图2-81所示。

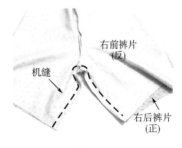

图2-81

（6）脚口折转向反面熨烫1cm，如图2-82所示。

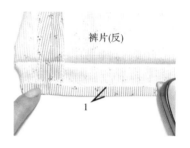

图2-82

（7）继续将脚口向反面折转熨烫5cm，如图2-83所示。

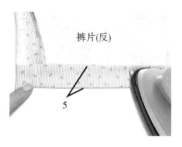

图2-83

（8）沿脚口4.5cm处机缝，如图2-84所示。

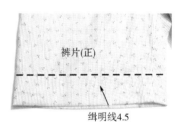

图2-84

（9）脚口向裤片正面折转熨烫3.5cm，如图2-85所示。

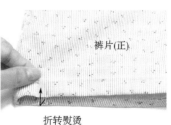

图2-85

（10）在内外侧缝处将折转的脚口与裤片机缝固定，如图2-86所示。

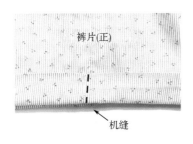

图2-86

### 7. 合衣片、裤片

（1）衣片及裤片在腰线处对齐，如图2-87所示。

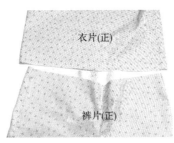

图2-87

（2）将裤片与衣片正面相对，裤片穿套在衣片内，如图2-88所示。

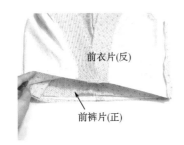

图2-88

（3）裤片缝份1cm，衣片缝份3cm放置，沿腰部净样线机缝一圈，如图2-89所示。

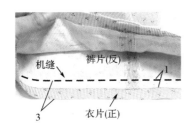

图2-89

（4）修剪腰部裤片缝份至0.5cm，如图2-90所示。

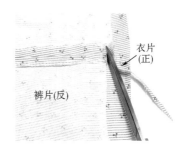

图2-90

（5）腰部衣片缝份向正面扣烫0.5cm，如图2-91所示。

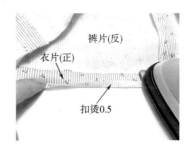

图2-91

（6）再将腰部衣片缝份扣烫在裤片上，形成穿松紧带的空隙，如图2-92所示。

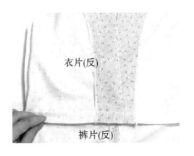

图2-92

（7）腰部松紧带搭缝成一圈，如图2-93所示。

图2-93

（8）将松紧带穿套在第（6）步形成的腰部空隙中，如图2-94所示。

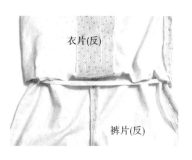

图2-94

（9）从反面在衣片缝份上机缝0.2cm，将松紧带包入腰部缝份中，如图2-95所示。

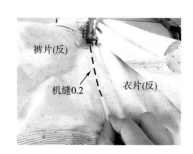

图2-95

（10）正面如图2-96所示。

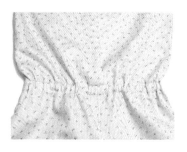

图2-96

**8.做袖**

（1）袖山头用大针距机缝0.5cm，袖片两侧锁边，如图2-97所示。

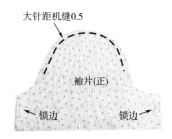

图2-97

（2）袖片正面相对，机缝袖底缝1cm，如图2-98所示。

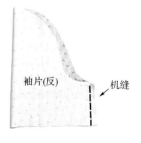

图2-98

（3）劈缝熨烫袖底缝，如图2-99所示。

图2-99

（4）袖山头抽碎褶并固定碎褶，如图2-100所示。

图2-100

**9.绱袖**

（1）袖山与袖窿正面相对，穿套在一起，绱袖点对齐，沿袖窿弧线机缝1cm，如图2-101所示。

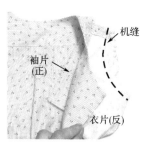

图2-101

（2）缝份合并锁边，如图2-102所示。

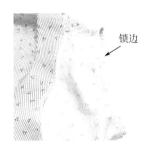

图2-102

（3）翻转至正面如图2-103所示。

图2-103

（4）袖口向反面扣烫0.5cm，如图2-104所示。

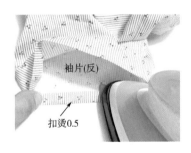

图2-104

（5）再折转熨烫2cm，如图2-105所示。

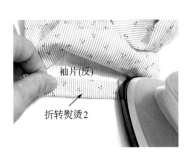

图2-105

（6）袖口松紧带搭缝成一圈，如图2-106所示。

图2-106

（7）将松紧带穿套入袖口缝份，沿外口机缝1.8cm，如图2-107所示。

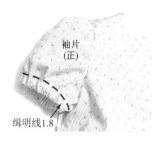

图2-107

## 10. 锁眼钉扣

门襟处锁扣眼4个，里襟处钉纽扣4个，如图2-108所示。

图2-108

## 11. 整烫

整烫顺序：领贴→肩缝→衣身→袖子→底边。

# 案例三——毛头衫

## （一）款式特点

### 1. 款式图（图2-109）

图2-109

### 2. 平面款式图（图2-110）

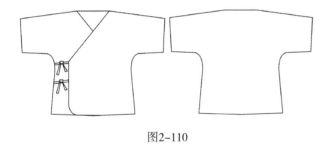

图2-110

### 3. 款式说明

无领、长袖的针织内衣，适合新生儿至1岁左右的婴儿穿着。采用系带方式，避免扣子等损伤婴儿皮肤。

## （二）结构制图

### 1. 规格设计（表2-3）

表2-3　规格表　　　单位：cm

| 号 | 胸围（B） | 衣长（L） | 袖长（SL） |
|---|---|---|---|
| 50 | 47 | 24 | 15 |
| 60 | 56 | 26 | 18 |
| 70 | 59 | 30 | 21 |

### 2. 结构图（图2-111）

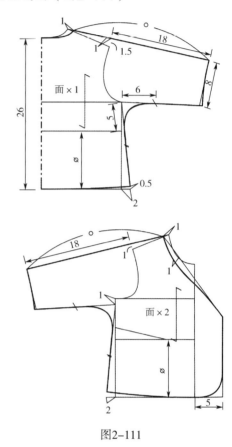

图2-111

### 3. 结构要点

婴儿的内衣需要宽松舒适，胸围松量较大，有14cm。袖中线延长肩线得到，便于手臂运动。由于服装宽松，前片衣身的腹省，一部分转移到袖窿，一部分转移到下摆。

# 案例四——婴儿内裤

## （一）款式特点

### 1. 款式图（图2-112）

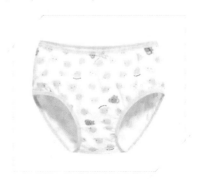

图2-112

## 2.平面款式图（图2-113）

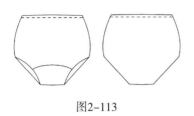

图2-113

## 3.款式说明

此款适合0~1岁婴儿穿着。这个时期的婴儿爱动，需要尿布。内裤裤腰和脚口都采用松紧带，舒适又能满足孩子运动的要求。

## （二）结构制图

### 1.规格设计（表2-4）

表2-4　规格表　　　　　单位：cm

| 号 | 臀围（H） | 上裆（CD） | 大腿根围 |
|---|---|---|---|
| 60 | 57 | 15 | 25 |
| 70 | 60 | 16 | 26 |
| 80 | 63 | 17 | 27 |

### 2.结构图（图2-114）

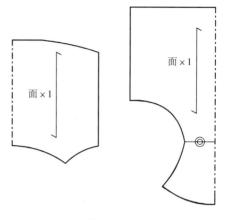

图2-114

### 3.结构要点

婴儿内裤能适应孩子爬行运动，宽松舒适。臀围松量较大，有16cm。上裆留出2cm的松量，看似较小，但是此内裤额外做了较深的裆片，增加了上裆的运动量。后中的腰向上2cm，是增加后臀的运动量。脚口紧贴大腿根部，需要比大腿根围大一些，方便运动。

## 案例五——爬爬衣

## （一）款式特点

### 1.款式图（图2-115）

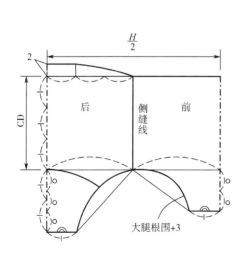

图2-115

## 2. 平面款式图（图2-116）

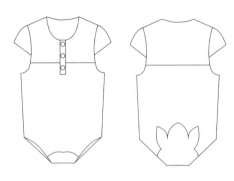

图2-116

### 3. 款式说明

此款适合0~1岁婴儿穿着。连身内衣，裆下安装纽扣，方便更换尿布。一般采用柔软的针织面料制作。

## （二）结构制图

### 1. 规格设计（表2-5）

表2-5 规格表 单位：cm

| 号 | 胸围（B） | 上裆（CD） | 大腿根围 |
| --- | --- | --- | --- |
| 60 | 52 | 15 | 25 |
| 70 | 55 | 16 | 26 |
| 80 | 58 | 17 | 27 |

### 2. 结构图（图2-117）

### 3. 结构要点

采用童装衣身原型和婴儿内裤纸样结合制图，完成连衣裤大身结构。原型衣身后片与内裤后片结合时，重合掉裤后中多出的2cm；原型衣身前片与内裤前片结合时，重合掉衣身前片下落的腹省量。袖子在袖原型纸样的基础上截取需要的长度，由于是小冒袖，袖窿腋下部分需用45°斜条包边。

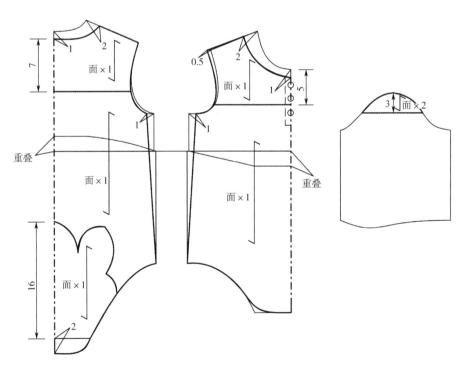

图2-117

# 案例六——口水兜

## （一）款式特点

### 1. 款式图（图2-118）

图2-118

### 2. 平面款式图（图2-119）

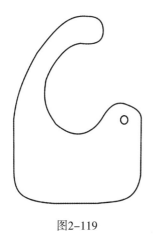

图2-119

### 3. 款式说明

婴儿在长牙阶段经常有口水流出，吃饭的时候衣服也容易弄脏。口水兜是婴儿配件中必备品之一，结构简单，颈部系扣。

## （二）结构制图

### 1. 规格设计（表2-6）

表2-6　规格表　　　　单位：cm

| 号 | 前衣长（L） |
| --- | --- |
| 50 | 9 |
| 60 | 10 |
| 70 | 12 |

### 2. 结构图（图2-120）

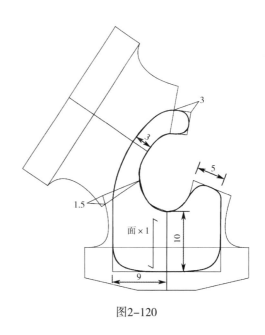

图2-120

### 3. 结构要点

原型领口对齐，肩线处前、后片重合1.5cm，这样可使口水兜外口更好地贴合前胸。

# 第三章　童装衬衫的结构与工艺设计

## 第一节　童装衬衫的结构与工艺设计特点

衬衫是儿童服饰的一大种类，是春、夏、秋季最主要的服装之一，指穿在上半身西服等套装里面的用于衬托外衣的服装，由于现在穿着功能上发生了变化，所以更多的衬衫被单独穿着使用，其材质种类也日渐丰富。根据穿着的场合、季节以及性别的不同，男童衬衫和女童衬衫在设计、结构及工艺上也呈现出千差万别。

男童衬衫原本是根据男装衬衫的外形演变而来，因此最基本的衬衫在造型和结构上都具有典型男装衬衫的特点，如立翻领、过肩、前贴袋、宝剑头袖衩及袖克夫等，如图3-1所示。同时，由于穿着的场合及季节的不同，以及时尚潮流的影响，男童衬衫也在不断发生变化。领型变化如无领、立领、翻领等，但在领外口上仍大多采用尖领角形式；袖型变化上则主要是袖子长度的变化及落肩程度的变化；面料上则多采用各种不同颜色、花型的棉、麻、丝、色织布等，如图3-2所示。

图3-2

衬衫作为女童服装的一个大类，无论是在款式设计上、还是面料选择上都远比男童衬衫丰富得多。同时，女童衬衫也不再局限于缩小版成年女式衬衫，更多地拥有了自己的特征。主要表现在色彩选择更为多样，衣身结构以柔美、活泼的曲线为主，如图3-3、图3-4所示。

图3-1

图3-3

图3-4

由于儿童脖子较短，因此在衣领结构上，底领的构成不能太高，平领和立翻领都较为常见，且领围的放量上稍松，以适应其脖子的运动。为了方便将衬衫下摆扎入裤腰，衣身长度一般以臀围线为度。而在肩宽的确定上，男童衬衫都有一定的落肩量，根据款式造型及运动量决定肩宽的加放。胸围的加放量则较为宽松，一般会大于原型胸围的加放量。袖窿深则根据胸围加放量以及款式特征在原型袖窿深的基础上进行适度加深，以增加袖窿部位的运动机能性。根据不同款式的设计要求，各个部位的加放尺寸会发生相应的改变，如图3-5、图3-6所示。

从工艺上看，年龄越小的童装衬衫趣味性相对较强，所以采用拼接、贴布、印花以及镶、滚、嵌等手段较多。随着年龄的增加，男童衬衫相对来说更加趋近简单利落，装饰工艺较少，不同面料的拼接以及简单的印花LOGO和刺绣则运用得更加广泛，以增加其设计感，其领口和袖口工艺较为硬挺，如图3-5、图3-6所示。而女童衬衫由于变化多样，不仅可以包括男童衬衫的所有工艺，并且还增加了一些具有女性柔美活泼的制作，如花边、蕾丝等，衣领和袖口相对也比较柔软，以体现柔美的外型，如图3-7、图3-8所示。

图3-5

图3-7

图3-6

图3-8

# 第二节　童装衬衫的结构与工艺案例

## 案例一（制作实物）——男童衬衫

### （一）款式特点

1. **款式图（图3-9）**

图3-9

2. **平面款式图（图3-10）**

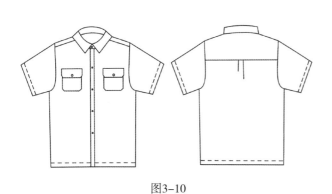

图3-10

3. **款式说明**

此款衬衫适合5~8岁的男孩夏季穿着。短袖、前中钉纽扣，整个衣身呈H型。衣身上装有装盖贴袋，不仅是美观的装饰，还可以存放一些小孩的小物品。

### （二）结构制图

1. **规格设计（表3-1）**

表3-1　规格表　　　　　　单位：cm

| 号 | 胸围（B） | 衣长（L） | 袖长（SL） | 翻领（TCW） | 底领（BH） |
|---|---|---|---|---|---|
| 100 | 66 | 39 | 12 | 2.5 | 1.5 |
| 110 | 68 | 42 | 14 | 3 | 2 |
| 120 | 72 | 45 | 16 | 3 | 2 |

## 2. 结构图（图3-11）

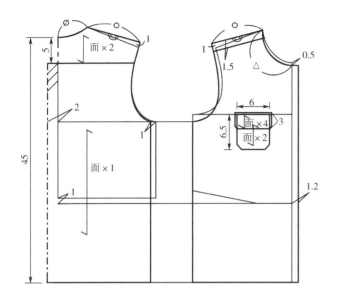

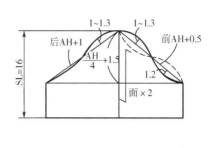

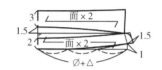

图3-11

### 3. 结构要点

拷贝原型以腰围线对齐，后片向上1cm，这样相当于转移了1cm腹省量去下摆。前片的腹省全部转移为袖窿松量。肩端点向上1cm，以增加手臂活动范围。前肩线按照后片肩线长调整为一样长，在后肩育克分割线上重新做出肩胛骨省道。立领的前端起翘量为1cm，这样领子不会紧贴脖颈，运动舒适。袖山曲线长度根据具体面料而定，可以在此图的基础上略微调整。

### （三）样板放缝及排料图

#### 1. 样板放缝

门襟放缝3.4cm（2倍搭门宽+1cm缝份），口袋上口与袖口边放缝份3cm，衣身底边放缝份3.5cm，其余放缝份1cm（图3-12）。

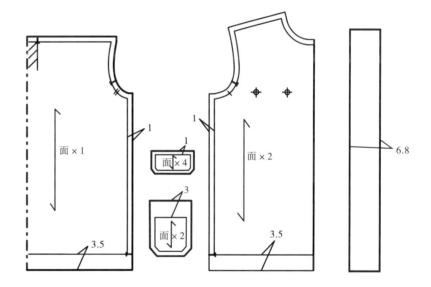

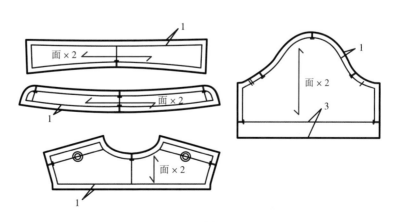

图3-12

## 2. 排料

面料：幅宽148cm，对折排料，用料60cm（图3-13）。

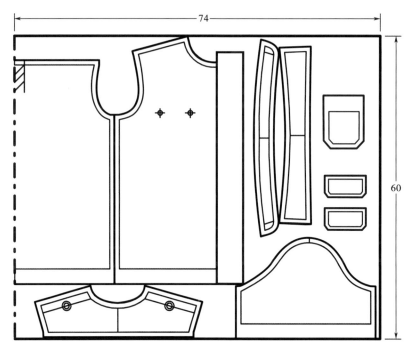

图3-13

## （四）工艺流程图（图3-14）

图3-14

## （五）制作过程

### 1. 做贴袋

（1）贴袋布四周锁边，如图3-15所示。

图3-15

（2）袋口折转向反面熨烫3cm，如图3-16所示。

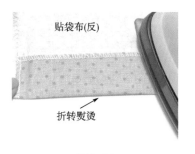

图3-16

（3）距袋口2cm处缉明线，如图3-17所示。

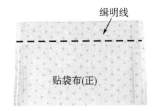

图3-17

（4）按净样扣烫贴袋布周边缝份，如图3-18所示。

图3-18

**2. 做袋盖**

（1）袋盖面反面粘衬，如图3-19所示。

图3-19

（2）袋盖面与袋盖里正面相对，从袋盖面反面沿净样机缝1cm，如图3-20所示。

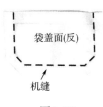

图3-20

（3）修剪多余缝份，如图3-21所示。

图3-21

（4）翻转至袋盖正面熨烫，如图3-22所示。

图3-22

（5）沿袋盖边缘缉明线0.2cm，如图3-23所示。

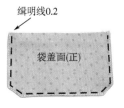

图3-23

**3. 做前衣片**

（1）门襟对折熨烫（反面可粘衬），如图3-24所示。

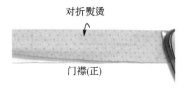

图3-24

（2）门襟正面与右衣片反面叠合，机缝1cm缝份，如图3-25所示。

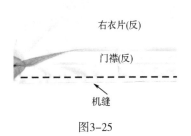

图3-25

（3）翻转至右衣片正面，将门襟扣折熨烫1cm，如图3-26所示。

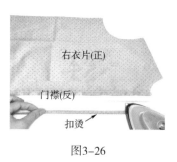

图3-26

（4）沿门襟中线将门襟折转熨烫至衣片正面，盖住门襟与衣片的缝合线，如图3-27所示。

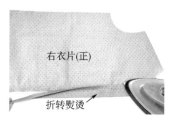

图3-27

（5）在门襟上左、右各缉0.2cm明线，如图3-28所示。

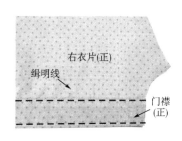

图3-28

（6）左、右衣片做法相同，如图3-29所示。

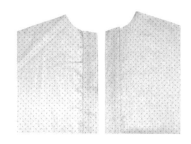

图3-29

**4. 缔贴袋**

（1）将贴袋放置于右衣片正面，沿贴袋边缘

缉明线0.1cm，如图3-30所示。

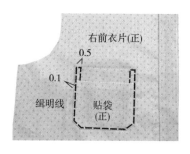

图3-30

（2）将袋盖里朝上放置在右衣片正面，在距袋口1cm位置处机缝，并修剪缝份至0.3cm，如图3-31所示。

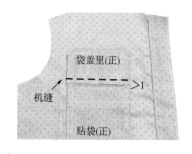

图3-31

（3）将袋盖翻下扣在贴袋上，沿上口机缝0.5cm。左、右两边衣片同样缔袋，如图3-32所示。

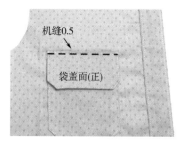

图3-32

**5. 做后衣片**

（1）如图制作并固定后衣片褶裥，如图3-33、图3-34所示。

图3-33

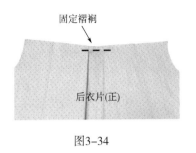

图3-34

（2）将过肩里、后衣片、过肩面三层依次叠合在一起，其中过肩里正面与后衣片反面相对，过肩面正面与后衣片正面相对，如图3-35所示。

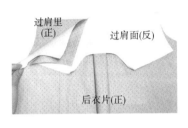

图3-35

（3）将过肩里、后衣片和过肩面三层一起机缝，缝份1cm，如图3-36所示。

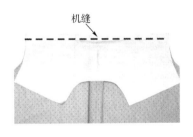

图3-36

（4）将过肩面向上翻转，三层缝份朝上，在过肩面上缉明线0.1cm，如图3-37所示。

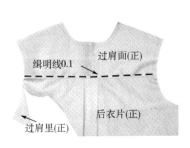

图3-37

### 6.合前、后衣片

（1）掀开过肩面，将过肩里正面与前衣片反面相对，机缝1cm缝份，如图3-38所示。

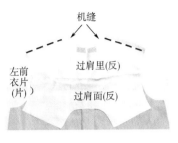

图3-38

（2）过肩面的肩缝朝反面扣烫1cm，如图3-39所示。

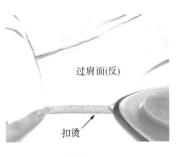

图3-39

（3）将过肩面扣在前衣片正面，盖住底线，缉明线0.1cm，如图3-40、图3-41所示。

图3-40

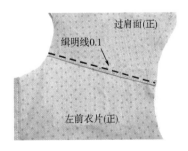

图3-41

（4）左、右衣片做法相同，如图3-42所示。

图3-42

### 7. 绱袖

（1）袖片正面与衣身正面相对，机缝袖山与袖窿，缝份1cm，如图3-43、图3-44所示。

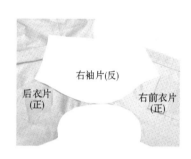

图3-43

图3-44

（2）袖山与袖窿合并锁边，如图3-45所示。

图3-45

（3）翻转至正面，缝份倒向袖窿，沿袖窿缉明线0.2cm，如图3-46所示。

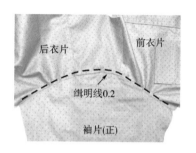

图3-46

（4）机缝侧缝并锁边，如图3-47所示。

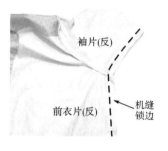

图3-47

（5）袖口向反面双折边熨烫，第一次折转1cm，第二次折转2cm，如图3-48所示。

图3-48

（6）沿袖口折边缉明线0.2cm，如图3-49所示。图3-50所示为绱袖完成图。

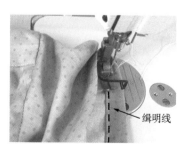

图3-49

图3-50

### 8. 做衣领

（1）翻领面和底领面在反面粘衬，如图3-51所示。

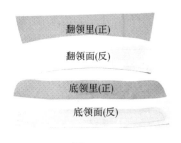

图3-51

（2）将翻领面正面与翻领里正面相对，从翻领面的反面沿衣领外口净样线机缝1cm，注意翻领里稍拉紧以形成自然窝势，如图3-52所示。

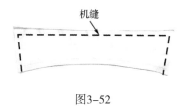

图3-52

（3）修剪缝份至0.3cm，并将缝份倒向领里熨烫，如图3-53所示。

图3-53

（4）将翻领翻转至正面熨烫平整，沿领外口缉0.5cm明线，如图3-54所示。

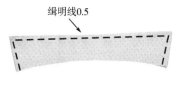

图3-54

（5）底领面沿下口向反面扣烫1cm缝份，如图3-55所示。

图3-55

（6）将底领面正面与翻领面正面相对，底领里正面与翻领里正面相对放置，如图3-56所示。

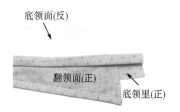

图3-56

（7）将底领面、翻领面、底领里、翻领里四层一起沿底领面净样从左至右机缝1cm，如图3-57所示。

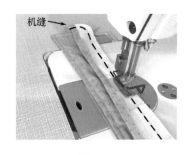

图3-57

（8）修剪缝份至0.2cm并在曲线处打剪口，如图3-58所示。

图3-58

（9）将底领翻转至正面熨烫，并沿底领上口缉明线0.1cm，左、右两端距翻领外口2cm，如图3-59所示。

缉明线0.1

图3-59

### 9. 缉衣领

（1）底领里正面与衣身正面相对，前中线、肩线、后中线与底领相应位置对位，如图3-60所示。

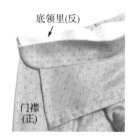

底领里(反)

门襟
(正)

图3-60

（2）掀开底领面，从左至右机缝1cm，将底领里与衣身固定，如图3-61所示。

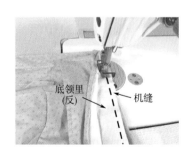

底领里
(反)

机缝

图3-61

（3）缝份倒向底领，曲线处打剪口，如图3-62所示。

图3-62

（4）将底领面扣压在缝份上，如图3-63所示，沿底领面缉0.1cm明线。图3-64所示为缉领完成图。

缉明线0.1

图3-63

图3-64

### 10. 做底边

（1）衬衫底边锁边，如图3-65所示。

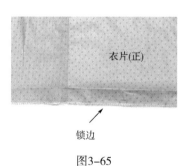

衣片(正)

锁边

图3-65

（2）沿净样折边熨烫，如图3-66所示。

图3-66

（3）距底边缉明线3cm，如图3-67所示。

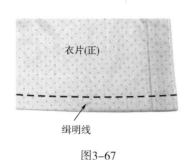

图3-67

**11. 锁眼钉扣**

（1）扣眼位置在右前衣片门襟侧。底领横向锁眼1个，门襟上纵向锁扣4个。

（2）纽扣位置对应在左前衣片里襟侧。底领钉纽扣1个，里襟上钉纽扣4个，口袋位装饰扣1个。

**12. 整烫**

整烫顺序：衣领→袖克夫→袖底缝→大身→底边→肩缝→侧缝。

## 案例二（制作实物）——女童半开襟长袖衬衫

### （一）款式特点

**1. 款式图（图3-68）**

图3-68

**2. 平面款式图（图3-69）**

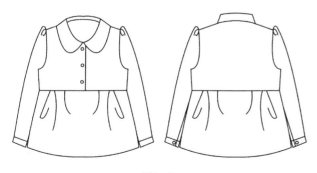

图3-69

**3. 款式说明**

此款女童衬衫适合1~3岁的孩子春夏季穿着。采用纯棉布制作，吸汗透气，柔软舒适。腹部的抽褶可以遮盖幼童腹部的凸起。

## （二）结构制图

### 1. 规格设计（表3-2）

表3-2　规格表　　　　单位：cm

| 号型 | 胸围（B） | 衣长（L） | 袖长（SL） | 领高（CW） |
|------|---------|---------|----------|----------|
| 70/45 | 57 | 30 | 22 | 4 |
| 80/48 | 60 | 32 | 25 | 4 |
| 90/50 | 62 | 34 | 28 | 4 |

### 2. 结构图（图3-70）

### 3. 结构要点

拷贝原型以腰围线对齐。由于是春秋季穿着的衬衫，需留出12cm胸围松量。前片的腹省转移1.5cm为袖窿松量，剩下的留在下摆上。袖口利用袖侧缝开衩，以方便父母为孩子穿脱。袖山曲线长度根据具体面料而出，可以在此图基础上略微调整。

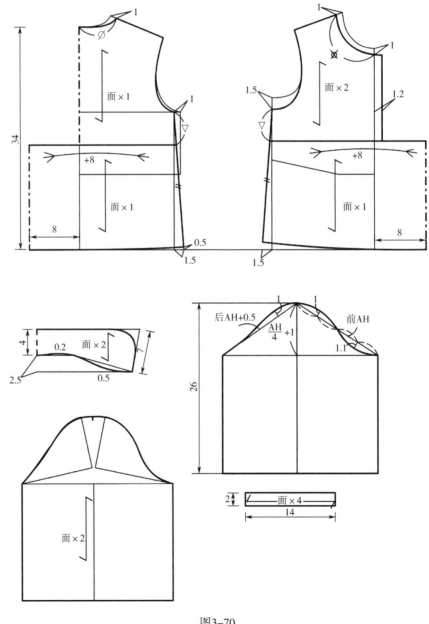

图3-70

## （三）样板放缝及排料图

### 1. 样板放缝

门襟与底边放缝份3cm，其余放缝份1cm
（图3-71）。

### 2. 排料

面料：幅宽148cm，平铺排料，用料48cm
（图3-72）。

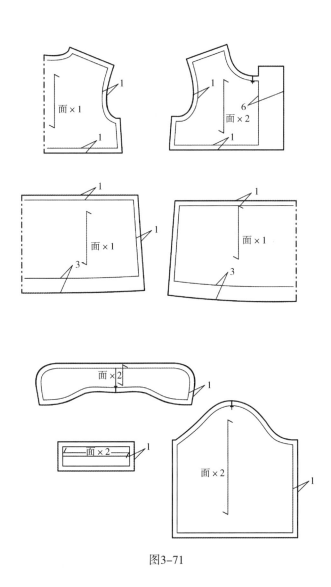

图3-71

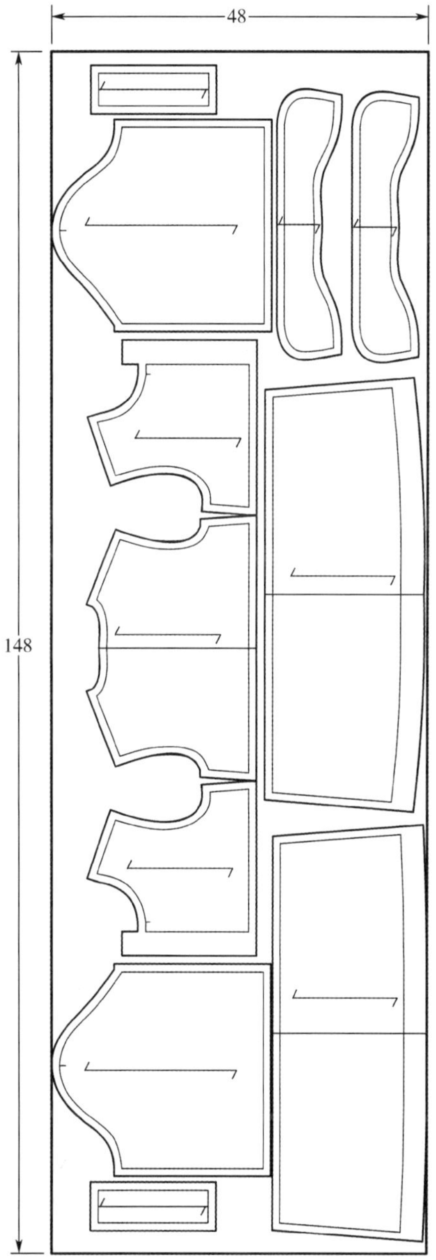

图3-72

**（四）工艺流程图（图3-73）**

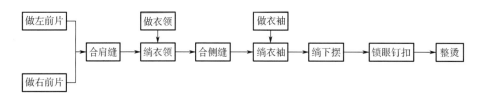

图3-73

**（五）制作过程**

**1. 做左、右前衣片**

（1）前衣片门、里襟位置反面粘衬，门襟、肩缝、侧缝锁边，如图3-74所示。

图3-74

（2）沿里襟止口线将里襟折向左前衣片反面熨烫，如图3-75所示。

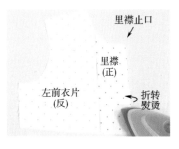

图3-75

（3）右前衣片与左前衣片做法相同，如图3-76所示。

图3-76

**2. 合肩缝**

（1）左、右前衣片与后衣片正面相对，肩缝对齐，机缝1cm，如图3-77所示。

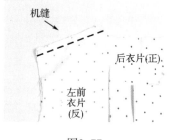

图3-77

（2）肩部缝份劈缝熨烫，如图3-78所示。

图3-78

**3.做衣领**

（1）领面和领里反面粘衬，如图3-79所示。

图3-79

（2）领面与领里正面相对，从领面反面沿净样线机缝1cm，两端注意回针，如图3-80所示。

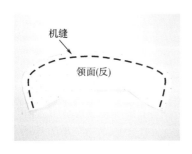

图3-80

（3）修剪缝份至0.3cm，在弧线部位打剪口，如图3-81所示。

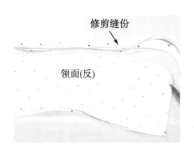

图3-81

（4）将缝份倒向领里，从反面将缝份与领里一起机缝0.1cm明线，两端距圆角处2～3cm，如图3-82所示。

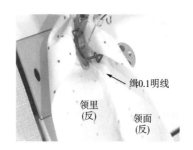

图3-82

（5）翻转至正面，熨烫出一定的窝势，如图3-83所示。

图3-83

**4.绱衣领**

（1）将衣领与衣身领窝弧线对齐，分别在左右绱领位、后中心处打对位记号，如图3-84所示。

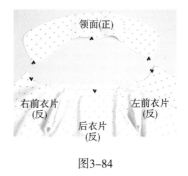

图3-84

（2）衣身前片门襟及里襟折转向衣身正面，将领里与衣身正面相对，领口对准绱领位，夹在门（里）襟与衣身之间。在距离门（里）襟边沿1.5cm处将衣身、门（里）襟以及衣领同时剪开1cm长的剪口，如图3-85所示。

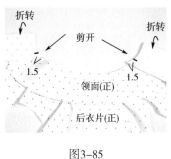

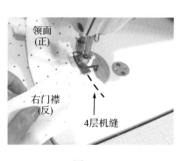

图3-85

图3-88

（3）从左前片里襟翻折线开始沿净样将里襟、衣领、衣身一起机缝至剪口处，如图3-86所示。

（6）衣领及门襟翻正，将缝份弧线位置处打上剪口并将缝份倒向领里，如图3-89、图3-90所示。

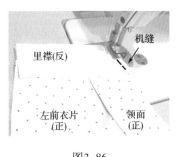

图3-86

（4）从剪口处掀开里襟及领面，继续沿净样线将领里与衣身一起机缝，如图3-87所示。

图3-89

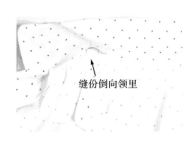

图3-90

（7）将领面缝份扣压在衣身缝份上，如图3-91所示。

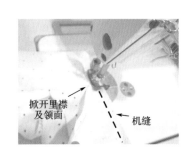

图3-87

（5）继续机缝至右前衣片剪口处，将领面翻下，右前衣片门襟折转，夹住领面、领里及右前衣片，对齐4层绱领对位记号，一起机缝至右前门襟翻折处，如图3-88所示。

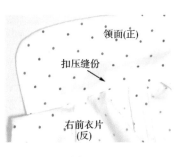

图3-91

（8）从距离绱领位2cm左右处开始缉明线0.1cm,要求盖住下面的机缝线，如图3-92、图3-93所示。

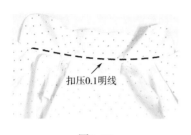

图3-92

图3-93

### 5. 做衣袖

（1）袖片左右侧面锁边。将左袖片与左衣身袖窿相对，从抽褶位开始大针距沿袖山头0.5cm处大针距机缝一道。然后利用缝线抽碎褶，如图3-94、图3-95所示。

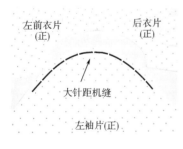

图3-94

图3-95

（2）左袖片袖底缝缝份对齐，从反面机缝一道至袖衩的开衩止点，如图3-96所示。

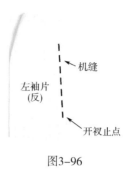

图3-96

（3）缝份劈开熨烫，如图3-97所示。

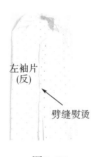

图3-97

（4）袖克夫反面粘衬。然后将袖克夫里向反面扣烫1cm，如图3-98所示。

图3-98

（5）将袖克夫里对折向反面熨烫，如图3-99所示。

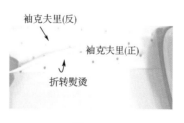

图3-99

（6）袖克夫面包住袖克夫里熨烫缝份。使袖克夫面比袖克夫里宽出0.1cm，如图3-100所示。

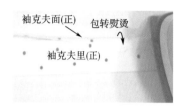

图3-100

（7）袖口采用同袖山相同的方法抽碎褶，袖口长度根据袖克夫长度确定。要求碎褶均匀美观，如图3-101所示。

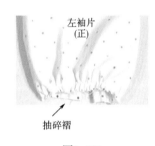

图3-101

（8）将袖克夫里正面与袖片反面相对，袖片的袖衩处缝份折转至反面，从左后袖片开始沿袖克夫净样线机缝一道至左前袖片。袖克夫在后袖片处长出1cm缝份，在前袖片处长出3cm不缝，如图3-102、图3-103所示。

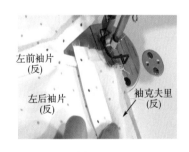

图3-102

图3-103

（9）将袖克夫面沿对折线折转，正面与袖克夫里正面相对，在后袖片处机缝留出的1cm缝份，在前袖片处机缝1cm缝份，如图3-104所示。

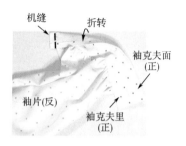

图3-104

（10）袖克夫翻转至正面，缝份倒向袖克夫，从正面将袖克夫面扣压在缝份上，缉明线0.1cm并盖住下层机缝线如图3-105所示。右袖片与左袖片做法相同。

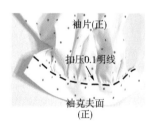

图3-105

### 6. 合侧缝

（1）将左前衣片侧缝与后衣片侧缝正面相对，沿净样线机缝，如图3-106所示。

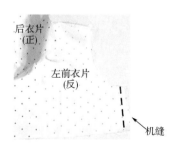

图3-106

（2）将侧缝劈缝熨烫，如图3-107所示。

图3-107

### 7. 绱衣袖

（1）将左袖片与左衣身袖窿套在一起，正面相对，袖山顶点与肩缝重合，前、后对位记号对准，沿净样线机缝一周，袖底十字缝对齐，如图3-108、图3-109所示。

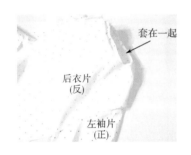

图3-108

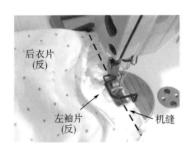

图3-109

（2）将袖窿缝份锁边并倒向衣袖。左、右袖绱法相同，如图3-110、图3-111所示。

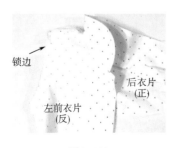

图3-110

图3-111

### 8. 绱下摆

（1）将右前衣片门襟叠在左前衣片里襟上，领口对齐，在衣片底边机缝一道固定，如图3-112所示。

图3-112

（2）将前、后下摆片正面相对，缝合侧缝，如图3-113所示。

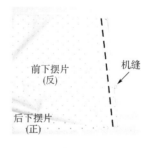

图3-113

（3）劈缝熨烫侧缝，如图3-114所示。

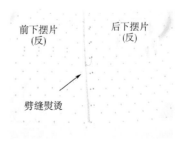

图3-114

（4）下摆片上口根据前后衣身围度的大小沿0.5cm缝份大针距抽碎褶。并将抽好的碎褶机缝一道固定，如图3-115所示。

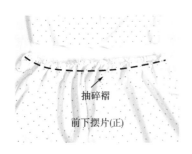

图3-115

（5）下摆片正面与衣身正面相对，套入衣身里，前、后侧缝对齐，沿1cm缝份机缝一周，如图3-116所示。

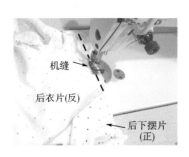

图3-116

（6）腰口锁边，如图3-117所示。

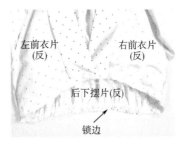

图3-117

（7）翻转至正面，缝份倒向衣片并从衣片正面缉明线0.1cm，如图3-118所示。

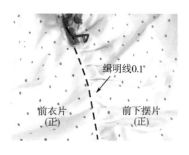

图3-118

（8）下摆底边锁边并向反面沿净样折转熨烫2.5cm，如图3-119所示。

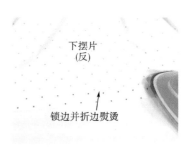

图3-119

（9）从反面沿锁边线迹缉明线0.5cm，如图3-120所示。

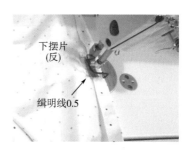

图3-120

9. 锁眼钉扣

（1）在右前衣片门襟纵向锁扣眼3个，左前衣片里襟与扣眼对应处钉纽扣3粒，如图3-121所示。

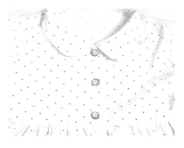

图3-121

（2）袖口锁扣眼左右各1个，袖口钉纽扣左右各1粒，如图3-122所示。

图3-122

**10. 整烫**

整烫顺序：衣领→袖克夫→袖底缝→大身→底边→肩缝→侧缝。

## 案例三（制作实物）——女童荷叶边袖衬衫

### （一）款式特点

**1. 款式图（图3-123）**

图3-123

**2. 平面款式图（图3-124）**

图3-124

**3. 款式说明**

此款女童衫适合1~3岁的孩子夏季穿着。采用纯棉布制作，吸汗透气，柔软舒适。腹部的褶裥可以遮盖幼童腹部的凸起。

### （二）结构制图

**1. 规格设计（表3-3）**

表3-3　规格表　　　　　单位：cm

| 号 | 胸围（$B$） | 衣长（$L$） | 领高（CW） |
|---|---|---|---|
| 90 | 62 | 34 | 6 |
| 100 | 66 | 37 | 6 |
| 110 | 68 | 40 | 6.5 |

## 2. 结构图（图3-125）

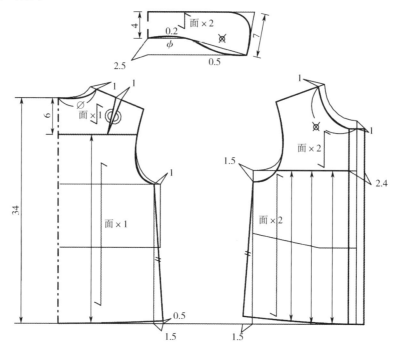

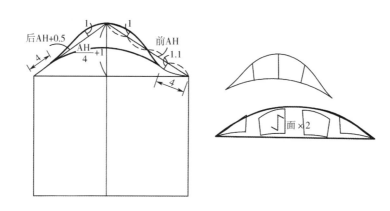

图3-125

### 3. 结构要点

拷贝原型以腰围线对齐。由于是夏季穿着的衬衫，留出12cm胸围松量，此松量较大，衬衫显得宽松。前片的腹省转移1.5cm为袖窿松量，剩下的留在下摆。领子为平领，制图前后衣片时在肩线上重叠1.5cm，以缩小领外口线，做出小领座，保证能隐藏领子与衣身的缝合线。按照衣身、袖窿画出相应的袖片后，在袖片上截取冒袖，再展开得到荷叶边袖。

### （三）样板放缝及排料图

#### 1. 样板放缝

除底边放缝份2.5cm外，其他均放缝份1cm（图3-126）。

#### 2. 排料

面料：幅宽148cm，对折排料，用料53cm（图3-127）。

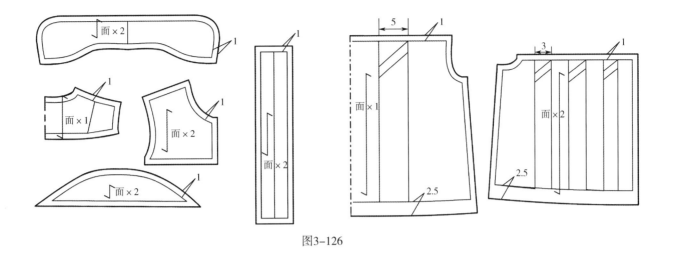

图3-126

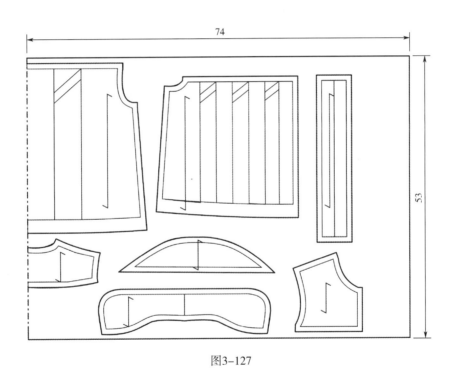

图3-127

## （四）工艺流程图（图3-128）

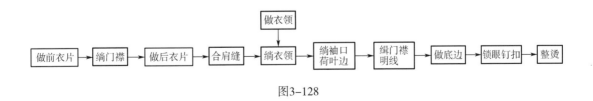

图3-128

**（五）制作过程**

**1. 做前衣片**

（1）正面机缝固定右前衣片3个褶裥，褶裥倒向侧缝，如图3-129所示。

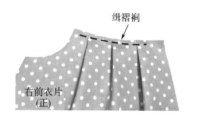

图3-129

（2）右前衣片育克与右前衣片正面相对，机缝1cm并合并锁边，如图3-130所示。

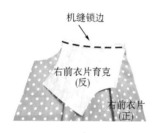

图3-130

（3）右前衣片育克翻转至上方，缝份倒向上方，缉0.1cm明线，如图3-131所示。

图3-131

（4）侧缝锁边，如图3-132所示。

图3-132

（5）左、右前衣片做法相同，如图3-133所示。

图3-133

**2. 绱门襟**

（1）门襟与左前衣片正面叠合，沿门襟止口机缝1cm，如图3-134所示。

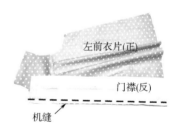

图3-134

（2）门襟向反面扣烫1cm缝份，如图3-135所示。

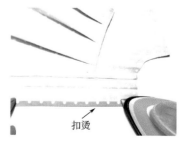

图3-135

（3）对折熨烫门襟，注意盖住下面线迹。左、右衣片做法相同，如图3-136所示。

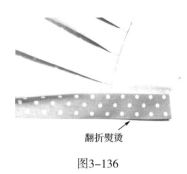

图3-136

### 3. 做后衣片

（1）正面机缝固定后衣片褶裥左右两边对称，褶裥倒向侧缝，如图3-137所示。

图3-137

（2）后衣片育克与后衣片正面相对，机缝1cm缝份，合并锁边，如图3-138所示。

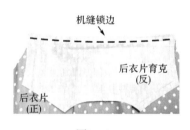

图3-138

（3）后衣片育克向上翻转，缝份朝上从正面缉明线0.1cm，如图3-139所示。

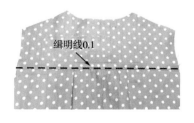

图3-139

### 4. 合肩缝

（1）右前衣片与后衣片正面相对，肩缝机缝1cm，合并锁边，如图3-140所示。

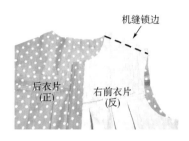

图3-140

（2）肩缝缝份倒向后衣片并缉明线0.1cm，如图3-141所示。

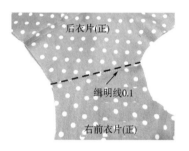

图3-141

（3）左、右衣片做法相同，如图3-142所示。

图3-142

### 5. 做衣领

（1）领面反面粘衬，如图3-143所示。

图3-143

（2）领面与领里正面相对，沿领外口机缝1cm缝份，如图3-144所示。

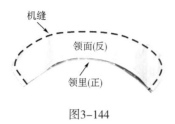

图3-144

（3）修剪领外口缝份至0.3cm，并在弧度较大处打剪口，如图3-145所示。

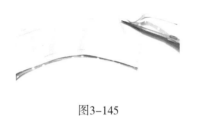

图3-145

（4）翻转至正面熨烫，注意领外口不要吐里，如图3-146、图3-147所示。

图3-146

图3-147

### 6. 绱衣领

（1）将门襟翻折过来，衣领夹在门襟与衣片之间，衣领起始位置对准绱领点，即前中心线位置，机缝1cm缝份，如图3-148所示。左、右两边做法相同。

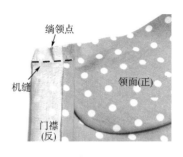

图3-148

（2）紧挨门襟剪开1cm剪口，如图3-149、图3-150所示。左、右两边做法相同。

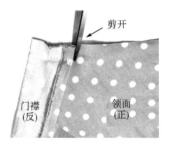

图3-149

图3-150

（3）门襟翻转至正面，衣领掀开，缝份上翻藏入衣领，如图3-151、图3-152所示。

图3-151

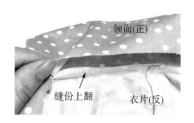

图3-152

（4）将领面缝份扣烫至衣身反面，如图3-153所示。

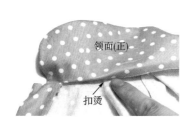

图3-153

（5）距绱领点1.5cm处从左至右沿衣领缝份缉0.1cm明线，注意盖住下面的线迹，如图3-154所示。图3-155为绱领完成图。

图3-154

图3-155

**7. 绱袖口荷叶边**

（1）荷叶边外口沿净样卷边缝0.5cm，如图3-156所示。

图3-156

（2）荷叶边绱袖位置抽碎褶，如图3-157所示。

图3-157

（3）荷叶边与袖窿正面相对，沿绱袖点机缝1cm，如图3-158所示。

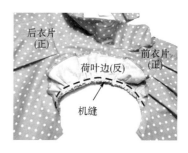

图3-158

（4）机缝侧缝，缝份1cm，如图3-159所示。

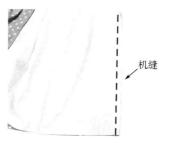

图3-159

（5）侧缝劈缝熨烫，如图3-160所示。

图3-160

（6）袖窿与荷叶边合并锁边，如图3-161所示。

图3-161

（7）袖窿缝份倒向衣身并缉0.5cm明线，如图3-162所示。

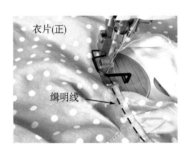

图3-162

（8）左、右两边做法相同，如图3-163所示。

图3-163

**8.缉门襟明线**

（1）门襟翻转至衣片正面，沿净样线机缝。底边锁边，如图3-164所示。

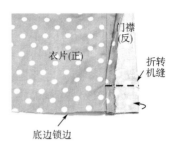

图3-164

（2）翻转至衣身正面熨烫，如图3-165所示。

图3-165

（3）修剪门襟上部内侧衣领处缝份，使门襟盖住不露毛边，如图3-166所示。

图3-166

（4）从门襟正面左、右各缉明线0.5cm。门、里襟做法相同，如图3-167所示。

图3-167

**9. 做底边**

（1）根据净样线折转熨烫底边2.5cm，如图3-168所示。

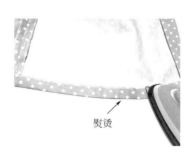

图3-168

（2）距离底边2cm处缉明线，如图3-169所示。

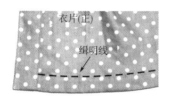

图3-169

**10. 锁眼钉扣**

（1）左前衣片门襟上纵向锁扣眼5个。

（2）右前衣片里襟上对应位置钉纽扣5粒，如图3-170所示。

**11. 整烫**

整烫顺序：衣领→袖口→大身→底边→肩缝→侧缝。

图3-170

## 案例四——女童底边抽褶衬衫

### （一）款式特点

**1. 款式图（图3-171）**

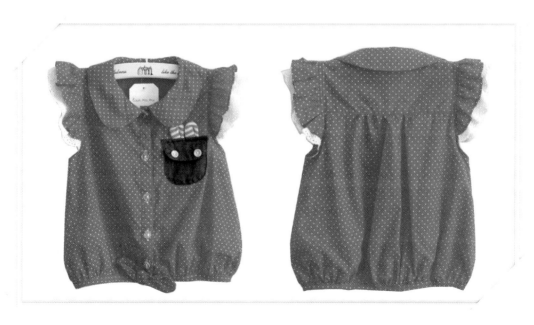

图3-171

**2. 平面款式图（图3-172）**

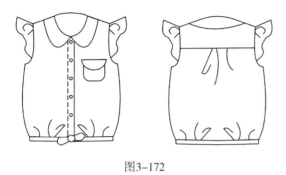

图3-172

**3. 款式说明**

此款童衫适合3～6岁的女孩夏季穿着。衬衫袖子采用双层荷叶边，底边利用收口形成褶皱，显得俏皮可爱。

**（二）结构制图**

**1. 规格设计（表3-4）**

表3-4　规格表　　　　单位：cm

| 号 | 胸围（B） | 衣长（L） | 领高（CW） |
|---|---|---|---|
| 90 | 62 | 34 | 6 |
| 100 | 66 | 37 | 6 |
| 110 | 68 | 40 | 6.5 |

**2. 结构图（图3-173）**

**3. 结构要点**

拷贝原型以腰围线对齐。由于是夏季穿着的衬衫，留出12cm胸围松量，此松量较大，衬衫显得宽松。前片的腹省转移1.5cm为袖窿松量，剩下的留在下摆。底边的长度为55cm，大于臀围尺寸3cm，能够方便运动。领子为平领，制图前后衣片在肩线上重叠1.5cm，以缩小领外口线，做出小领座，保证隐藏领与衣身的缝合线。按照衣身袖窿画出相应的袖片后，在袖山上截取部分，得到冒袖结构，再展开

此冒袖得到荷叶边袖。

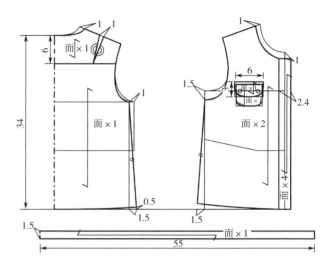

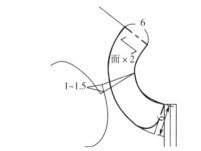

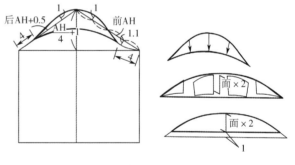

图3-173

## 案例五——男童牛仔衬衫

### （一）款式特点

#### 1. 款式图（图3-174）

图3-174

#### 2. 平面款式图（图3-175）

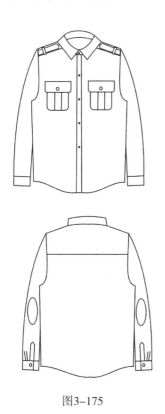

图3-175

#### 3. 款式说明

此款衬衫采用牛仔面料，适合8~11岁的男孩春秋季穿着。两片式立翻领、长袖、宝剑头袖开衩，整个衣身呈H型。

### （二）结构制图

#### 1. 规格设计（表3-5）

表3-5　规格表　　　　单位：cm

| 号 | 胸围（B） | 衣长（L） | 袖长（SL） | 翻领（TCW） | 底领（BH） |
|---|---|---|---|---|---|
| 120 | 72 | 45 | 38 | 3.5 | 2 |
| 130 | 76 | 48 | 42 | 3.5 | 2 |
| 140 | 80 | 51 | 46 | 3.5 | 2 |

#### 2. 结构图（图3-176）

#### 3. 结构要点

拷贝原型以腰围线对齐，后片向上1cm，这样相当于转移了1cm腹省量去下摆。胸围松量为12cm，较为宽松。前片的腹省全部转移为袖窿松量。前、后肩端点向上1cm，以增加手臂活动范围。立领的前端起翘量为1cm，这样领子不会紧贴脖颈，运动舒适。袖山曲线长度根据具体面料而定，可以在此图基础上略微调整。

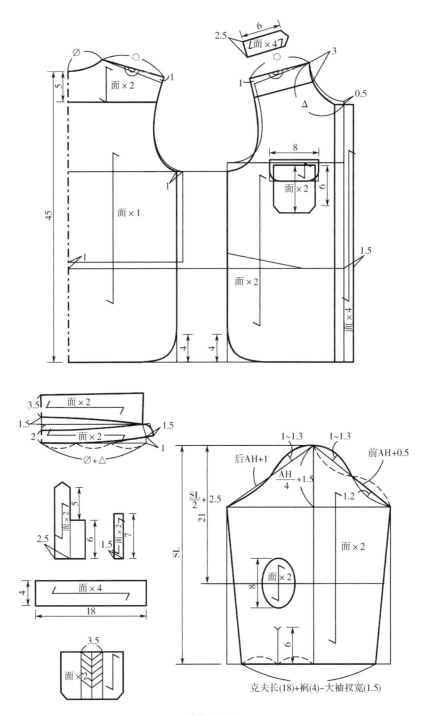

图3-176

# 第四章　童装裙子的结构与工艺设计

## 第一节　童装裙子的结构与工艺设计特点

裙子是女性特有的服饰品种，本来是指围穿在下身的一种服装，即单独的半身裙，也可以与上装连在一起构成连衣裙。裙子的穿着范围极广，可适用于各种场合，并能够与上衣、外套等一起组合搭配形成各种不同的穿着风格，是最能展现女童活泼甜美的服饰之一，如图4-1、图4-2所示。

图4-1

图4-2

半身裙的结构变化与女童腰臀差的变化关系很大。刚出生的婴儿几乎没有腰臀差，随着身体的不断成长，才逐渐形成了腰臀差，在17~18岁达到女性一生中腰臀差的最大值。因此，在女童裙子的腰臀设计上并不能像成年女性那样可以采用贴体的造型，而必须增加一定的放松量以适应其不断的发育生长。腰部不开口的裙子，如松紧带及背带，其腰围放量需以臀部能够通过为最低限度；腰部开口的裙子，如装腰头，其腰围放量需以一年生长发育的腰围增加量3cm为最低限度。臀围的加放量则以最低运动松度4cm加上一年生长发育的臀围增加量3cm共7cm作为最低限度。

对于连衣裙来说，随着年龄的增加，女童进入青春期，胸部开始发育，除了考虑腰臀差以外，上半身还要考虑胸腰差，因此大童的连衣裙上会出现一定量的胸省。

裙摆大小一般不会采用合体式直裙的形式，多为A型及波浪型出现。裙长则可根据款式而定，并考虑儿童一年身高的生长量。

在工艺上，童裙的设计趣味性强、风格活泼，因此各种拼接、贴布、印花以及镶、滚、嵌等手段均可使用。夏季裙装的面料以柔软透气的天然面料如棉、麻、丝为主，秋冬季裙装面料则可考虑厚实、耐磨、保暖的毛、皮、混纺等面料。

# 第二节　童装裙子的结构与工艺案例

## 案例一（制作实物）——不对称圆裙

### （一）款式特点

**1. 款式图（图4-3）**

图4-3

**2. 平面款式图（图4-4）**

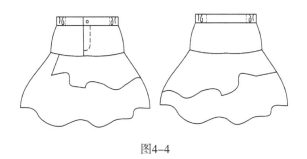

图4-4

**3. 款式说明**

此款裙子的上臀部有横向分割，较为合体。圆

裙的下摆为不对称式，腰部安装松紧带，适合7~12岁的学龄儿童穿着。

### （二）结构制图

**1. 规格设计（表4-1）**

表4-1　规格表　　单位：cm

| 号 | 腰围（W） | 臀围（H） | 裙长（L） |
| --- | --- | --- | --- |
| 120 | 52 | 68 | 34 |
| 130 | 55 | 73 | 37 |
| 140 | 57 | 78 | 41 |

## 2. 结构图（图4-5、图4-6）

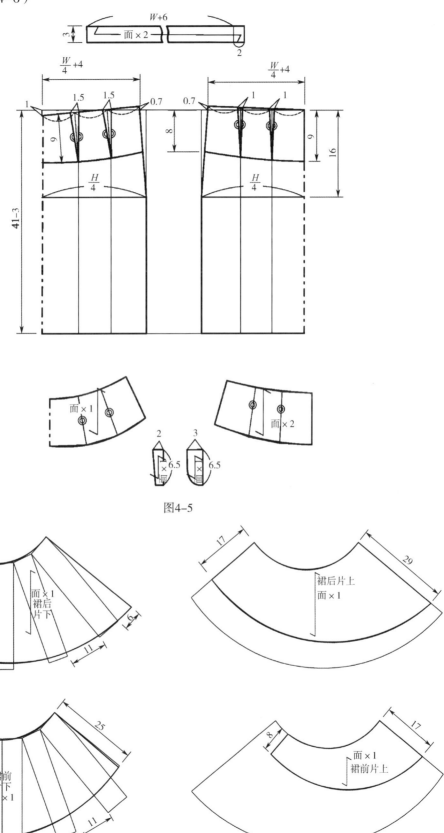

图4-5

图4-6

**3. 结构要点**

臀围有5cm的松量。成品腰围为净腰围尺寸，腰部绱松紧带可把腰围尺寸调至成品腰围，以适合腰部呼吸和运动需要。

**（三）样板放缝及排料图**

**1. 样板放缝**

除裙底边不放缝份外，其余放缝份1cm（图4-7）。

**2. 排料**

面料（1）：幅宽148cm，平铺排料，用料67cm（图4-8）。

面料（2）：幅宽148cm，平铺排料，用料71cm（图4-9）。

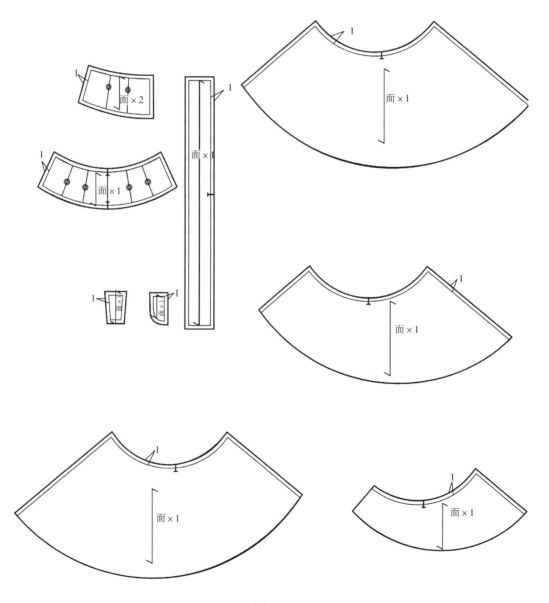

图4-7

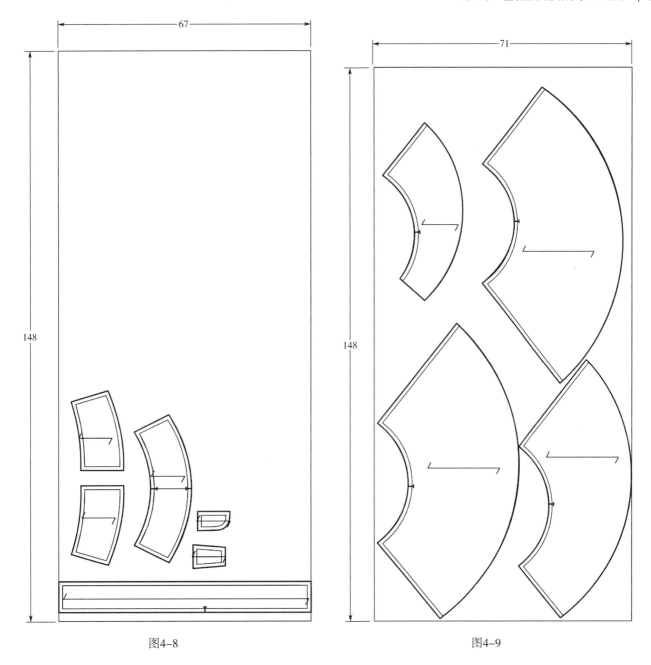

图4-8                                                  图4-9

**（四）工艺流程图（图4-10）**

图4-10

**（五）制作过程**

**1. 做前门襟拉链**

（1）将门襟反面粘衬，弧线处锁边。里襟向反面对折，锁边，如图4-11、图4-12所示。

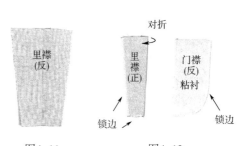

图4-11              图4-12

（2）门襟正面与左前育克正面相对，在前中心处机缝0.8cm，如图4-13所示。

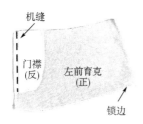

图4-13

（3）将左、右育克正面相对叠合，沿前中心线从下往上机缝至拉链止点，缝份1cm。拉链止口距离门襟底部1.5cm。局部如图4-14、图4-15所示。

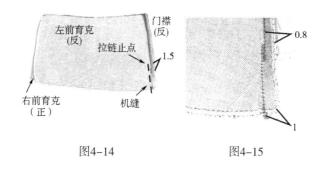

图4-14　　　　图4-15

（4）劈缝熨烫，将门襟止口从正面缉0.1cm明线至拉链止点处，如图4-16、图4-17所示。

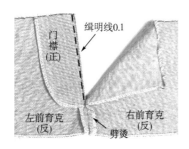

图4-16

图4-17

（5）将拉链与里襟正面机缝固定，里襟小头

朝下。固定线不要太靠近拉链牙，如图4-18所示。

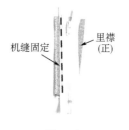

图4-18

（6）右育克缝份折转0.5cm，并扣压在拉链上缉明线0.1cm。此扣压的明线要一直延伸到拉链止点下，藏于下部合缝的缝份内侧，如图4-19所示。

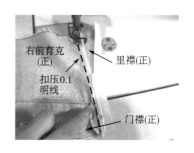

图4-19

（7）翻转到裙片正面，将左前育克展平盖住右前育克扣压的车缝线，此时可以用手针将左前育克在前中心附近与拉链绷缝固定，如图4-20所示。

图4-20

（8）掀开左前育克，将门襟贴边与拉链机缝，如图4-21所示。

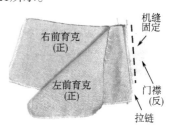

图4-21

（9）重新合上拉链，将里襟翻开至右前育克反面，在左前育克正面根据门襟净样线机缝门襟明线。注意与前面的门襟明线对接并回针，不要缉住里襟，如图4-22所示。

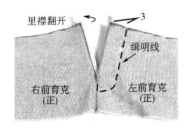

图4-22

### 2. 合前、后育克侧缝

（1）将前育克正面与后育克正面相对，机缝侧缝1cm，如图4-23所示。

图4-23

（2）劈缝熨烫侧缝，如图4-24所示。

图4-24

### 3. 做裙片

（1）将裙前片下与裙后片下正面相对，机缝左侧缝1cm并劈缝熨烫，如图4-25所示。

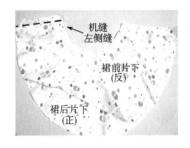

图4-25

（2）将裙前片上与裙后片上正面相对，机缝左侧缝1cm并劈缝熨烫，如图4-26所示。

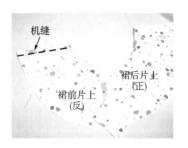

图4-26

（3）将裙前片下与裙后片上正面相对，再将裙后片下正面覆盖在裙后片上反面上，如图4-27所示。

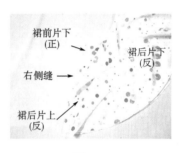

图4-27

（4）将3层一起机缝并劈缝熨烫，如图4-28所示。

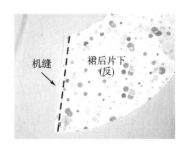

图4-28

（5）将2层裙片上口处机缝0.5cm固定，如图4-29所示。

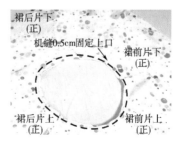

图4-29

**4. 绱裙片**

（1）育克与裙片正面相对，将育克套在裙片里，育克下口与裙片上口重合，机缝一周，缝份1cm并锁边，如图4-30所示。

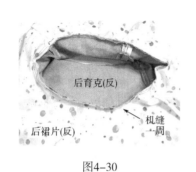

图4-30

（2）缝份倒向育克并从育克正面缉明线0.1cm，如图4-31所示。

图4-31

**5. 做腰**

（1）腰面、腰里分别在反面粘衬，如图4-32所示。

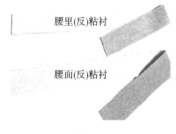

图4-32

（2）腰面与腰里正面相对，从腰上口反面机缝1cm缝份，如图4-33所示。

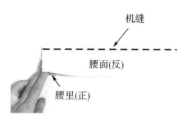

图4-33

（3）腰里下口向反面扣烫1cm缝份，如图4-34所示。

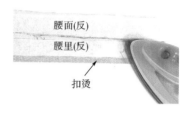

图4-34

（4）腰里沿上口反面折转，腰面包住腰里熨烫缝份，如图4-35所示。

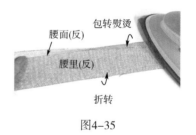

图4-35

**6. 绱腰**

（1）将腰里正面与育克反面相对，腰里左右两端均留出1cm缝份，从右前育克位置开始机缝至左前育克位置，将腰里与育克绱合，如图4-36、图4-37所示。

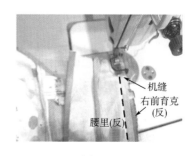

图4-36

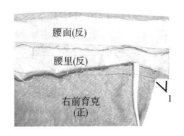

图4-37

（2）腰面沿腰上口折转，与腰里正面相对，沿门（里）襟边缘机缝左右两边缝份，如图4-38所示。

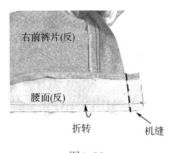

图4-38

（3）翻转至正面，如图4-39所示。

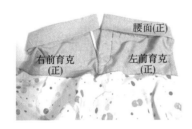

图4-39

（4）根据腰两侧缉松紧带的位置长度确定松紧带的长度，一般为位置长度的一半多，如图4-40所示。

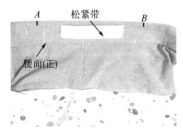

图4-40

（5）将腰面打开，将松紧带两端固定在腰里反面上松紧带的位置，如图4-41所示。

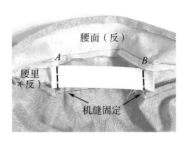

图4-41

（6）将腰面扣在腰里上，缉明线0.2cm，注意盖住缉腰里的线迹，如图4-42所示。

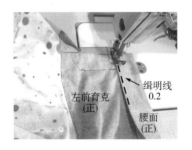

图4-42

（7）正面沿缉松紧带的位置纵向缉明线两道，以使更牢固地固定住松紧带，如图4-43所示。

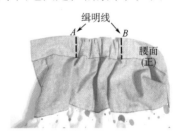

图4-43

**7. 锁眼钉扣**

（1）左面腰头上横向锁扣眼1个。

（2）右面腰头上对应位置钉纽扣1粒，如图4-44所示。

图4-44

8. 整烫

整烫顺序：侧缝→裙身→腰。

## 案例二（制作实物）——抽褶圆裙

### （一）款式特点

1. 款式图（图4-45）

图4-45

2. 平面款式图（图4-46）

图4-46

3. 款式说明

此款裙子的腰部安装松紧带，适合7~12岁的学龄儿童穿着。

### （二）结构制图

1. 规格设计（表4-2）

表4-2 规格表　　　　　　单位：cm

| 号 | 腰围（W） | 裙长（L） |
|---|---|---|
| 120 | 52 | 34 |
| 130 | 55 | 37 |
| 140 | 57 | 41 |

### 2. 结构图（图4-47）

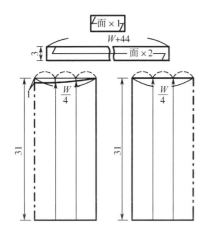

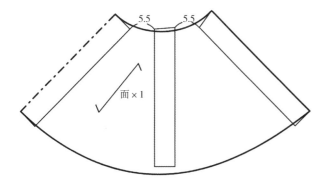

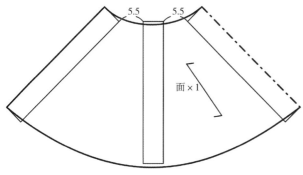

图4-47

### 3. 结构要点

腰围有44cm的松量，在腰部形成碎褶。

### （三）样板放缝及排料图

#### 1. 样板放缝

除裙片的底边需放缝份2.5cm处，其余均放缝份1cm（图4-48）。

#### 2. 排料

面料：幅宽148cm，平铺排料，用料96cm（图4-49）。

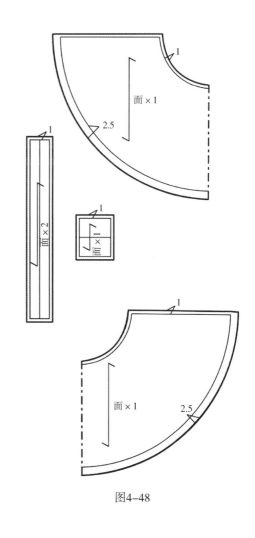

图4-48

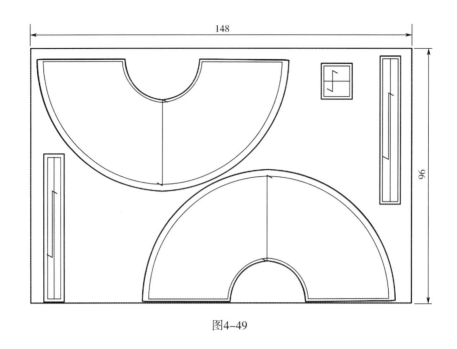

图4-49

## （四）工艺流程图（图4-50）

合侧缝 → 做腰 → 绱腰 → 做底边 → 做蝴蝶结 → 整烫

图4-50

## （五）制作过程

### 1. 合侧缝

（1）将前裙片和后裙片正面相对叠放，从反面机缝左、右侧缝，缝份1cm，如图4-51所示。

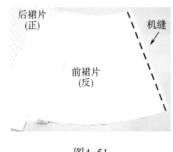

图4-51

（2）左、右侧缝锁边，缝份倒向一侧熨烫，如图4-52所示。

### 2. 做腰

（1）腰片两端从反面机缝1cm，如图4-53所示。

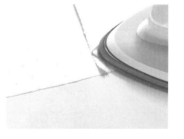

图4-52

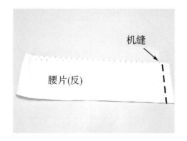

图4-53

（2）缝份劈缝熨烫，如图4-54所示。

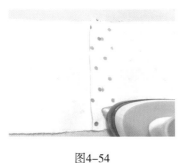

图4-54

（3）腰片下口向反面折烫1cm，如图4-55所示。

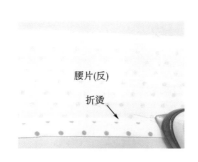

图4-55

3. 绱腰

（1）腰片正面与裙片正面相对，腰口对齐套在一起，如图4-56所示。

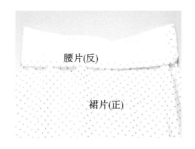

图4-56

（2）沿腰口机缝1cm缝份，如图4-57所示。

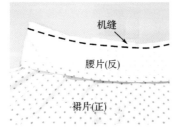

图4-57

（3）腰片对折扣向裙片反面熨烫，盖住绱腰线迹，如图4-58所示。

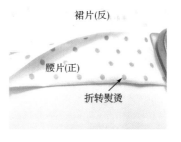

图4-58

（4）松紧带两端搭缝，如图4-59所示。

图4-59

（5）松紧带套入腰片内，在侧缝处垂直腰口机缝固定松紧带与腰片，如图4-60所示。

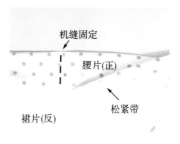

图4-60

（6）沿腰片正面缉明线0.1cm，两层腰片缝合，如图4-61、图4-62所示。

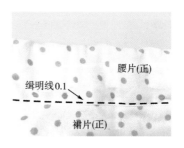

图4-61

图4-62

### 4. 做底边

（1）裙片底边锁边，如图4-63所示。

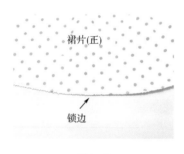

图4-63

（2）底边向反面折转熨烫2.5cm，如图4-64所示。

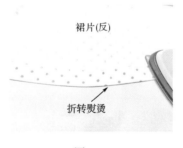

图4-64

（3）沿底边缉明线2cm，如图4-65所示。

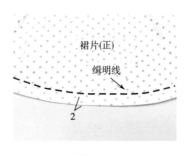

图4-65

### 5. 做蝴蝶结

（1）蝴蝶结片反面对折，机缝1cm缝份，中间留2cm的开口不缝合，如图4-66所示。

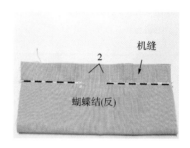

图4-66

（2）劈缝熨烫缝份，左、右两端机缝1cm并修剪缝份，如图4-67所示。

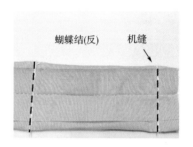

图4-67

（3）从开口处将蝴蝶结翻转至正面熨烫，用手针缲缝封口，如图4-68所示。

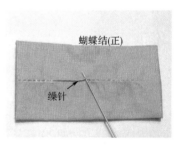

图4-68

（4）蝴蝶结中间捏褶，用同色线缠绕固定，如图4-69所示。

图4-69

（5）将蝴蝶结缝在前裙腰正中，如图4-70所示。

图4-70

6. 整烫

整烫顺序：侧缝→下摆→裙片。

## 案例三（制作实物）——背心裙

### （一）款式特点

1. 款式图（图4-71）

图4-71

2. 平面款式图（图4-72）

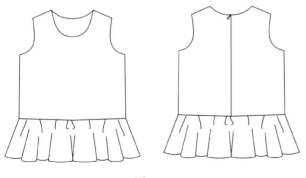

图4-72

3. 款式说明

该款裙装适合1~3岁女童夏季穿着，采用纯棉面料相拼，下摆荷叶边，后背拉链，领口袖口均包边。

### （二）结构制图

1. 规格设计（表4-3）

表4-3 规格表　　　　　单位：cm

| 号 | 胸围（$B$） | 裙长（$L$） |
| --- | --- | --- |
| 90 | 58 | 50 |
| 100 | 62 | 55 |
| 110 | 66 | 62 |

### 2. 结构图（图4-73）

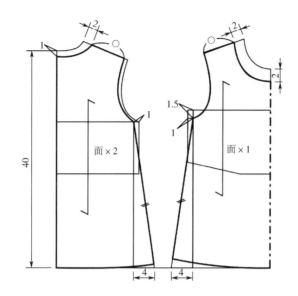

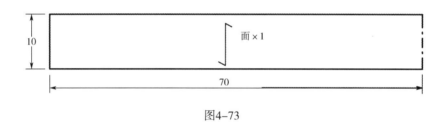

图4-73

### 3. 结构要点

此裙胸围有8cm的松量。前片腹省，一部分转移到腋下，形成袖窿松量；一部分转移到下摆。

### （三）样板放缝及排料图

#### 1. 样板放缝

除荷叶边底边放缝份1.5cm外，其余放缝份1cm（图4-74）。

#### 2. 排料

面料（1）：幅宽148cm，对折排料，用料38cm（图4-75）。

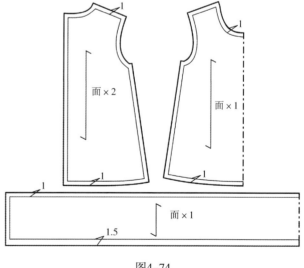

图4-74

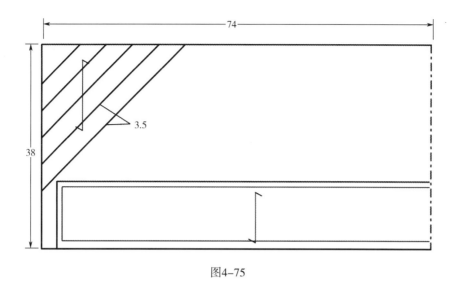

图4-75

面料（2）：幅宽148cm，对折排料，用料46cm（图4-76）。

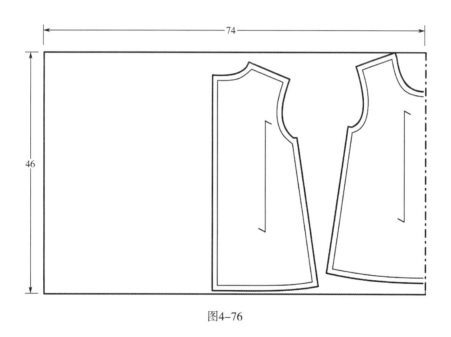

图4-76

**（四）工艺流程图（图4-77）**

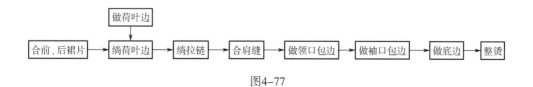

图4-77

### （五）制作过程

**1. 合前、后裙片**

（1）前、后裙片侧缝和肩缝锁边。左后裙片与前裙片正面相对，机缝侧缝1cm，如图4-78所示。

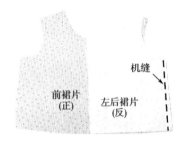

图4-78

（2）侧缝劈缝熨烫，如图4-79所示。

图4-79

（3）左、右裙片做法相同，如图4-80所示。

图4-80

**2. 做荷叶边**

（1）荷叶边下口与侧缝锁边，如图4-81所示。

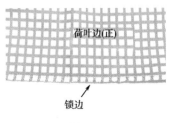

图4-81

（2）上口大针距疏缝一道，如图4-82所示。

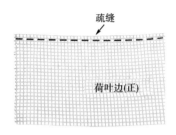

图4-82

（3）抽碎褶，长度与裙片底边对齐，如图4-83所示。

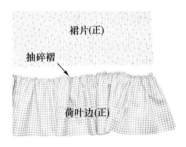

图4-83

**3. 绱荷叶边**

（1）荷叶边与裙片正面相对，机缝1cm缝份后合并锁边，如图4-84所示。

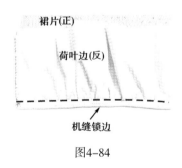

图4-84

（2）荷叶边倒向下方，缝份朝上，沿裙片缉明线0.1cm，如图4-85、图4-86所示。

图4-85

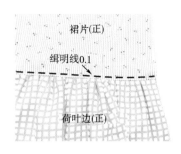

图4-86

### 4.绱拉链

（1）后裙片绱拉链处反面粘1cm黏合衬。将左、右裙后片正面相对，沿后中缝从下向上机缝，缝份1cm，直至拉链止点位置回针，如图4-87所示。

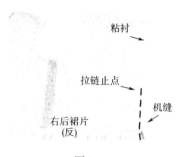

图4-87

（2）从拉链止点至领口处大针距将左、右裙后片疏缝在一起，缝份1cm，如图4-88所示。

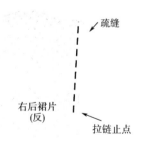

图4-88

（3）劈缝熨烫后中缝，如图4-89所示。

图4-89

（4）换单边压脚，将隐形拉链放置于裙片反面后中缝位置，大针距将拉链疏缝固定在后中缝的缝份上，如图4-90、图4-91所示。

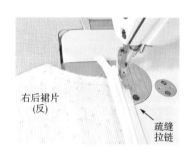

图4-90

图4-91

（5）从正面将前面第（2）步中疏缝左、右裙后片的线拆掉，如图4-92、图4-93所示。

图4-92

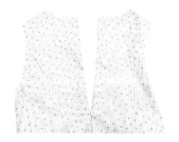

图4-93

（6）拉开拉链，将隐形拉链牙掰开，让压脚尽量靠近拉链牙，机缝拉链及后裙片，如图4-94所示。

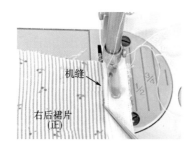

图4-94

（7）将拉链头翻转至正面，拉上拉链，如图4-95所示。

图4-95

（8）拆掉前面第（4）步中的疏缝线，拉链正面如图4-96、图4-97所示。

图4-96

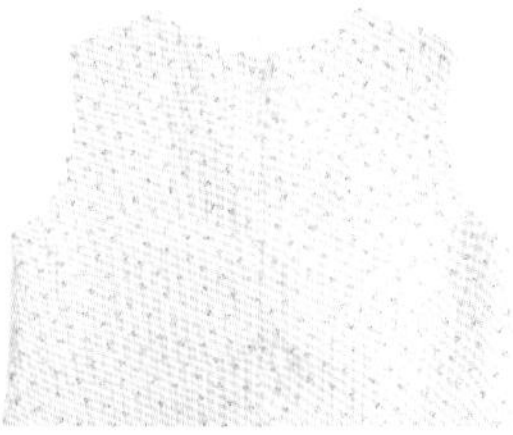

图4-97

### 5. 合肩缝

（1）前、后裙片正面相对，机缝肩缝，缝份1cm，如图4-98所示。

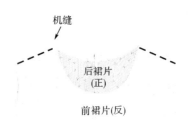

图4-98

（2）将肩缝劈缝熨烫，如图4-99所示。

图4-99

### 6. 做领口包边

（1）将领口包边条端头修剪整齐，包边条下口及两端头向反面折转熨烫0.5cm，如图4-100、图4-101所示。

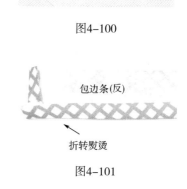

图4-100

图4-101

（2）修剪隐形拉链多余部分，如图4-102所示。

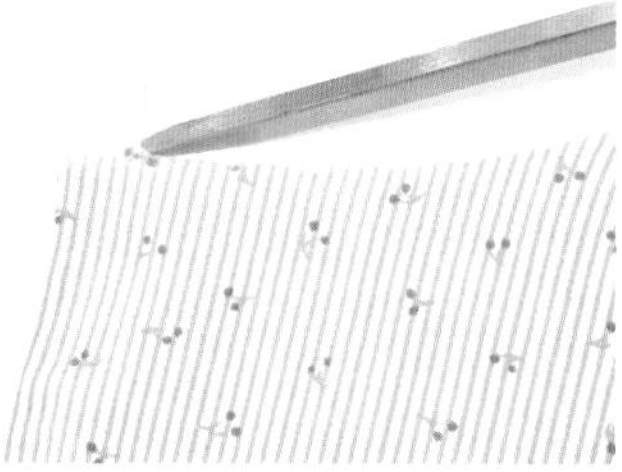

图4-102

（3）包边条正面与后衣片反面相对，端头与拉链平齐，上口与领口对齐，沿上口机缝领口一圈，缝份1cm，如图4-103所示。

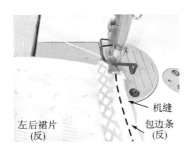

图4-103

（4）缝份修剪至0.3cm，如图4-104所示。

图4-104

（5）翻转至衣片正面，将包边条扣压0.1cm在衣片正面，注意要盖住下面的线迹，如图4-105、图4-106所示。

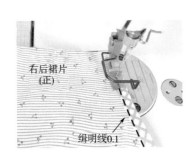

图4-105

图4-106

**7.做袖口包边**

（1）袖口包边条端头修剪为45°，如图4-107所示。

图4-107

（2）包边条正面相对，端头处呈90°叠放，机缝1cm缝份，如图4-108所示。

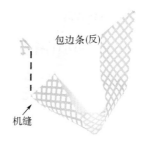

图4-108

（3）劈缝熨烫包边条，并将缝份修剪整齐，如图4-109、图4-110所示。

图4-109

图4-110

（4）包边条下口折转熨烫0.5cm，如图4-111所示。

图4-111

（5）将包边条正面与裙片反面相对，套入袖口内，包边条上口与袖口对齐，沿袖口机缝，缝合1cm，如图4-112所示。

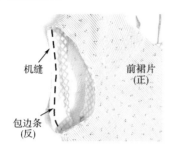

图4-112

（6）修剪缝份至0.3cm，将包边条翻转扣压在裙片袖口正面，缉0.1cm明线，注意盖住下面的线迹，如图4-113、图4-114所示。

图4-113

图4-114

## 案例四（制作实物）——飞袖连衣裙

### （一）款式特点

1. 款式图（图4-117）

8. 做底边

（1）将荷叶边的底边向反面折转熨烫1.5cm，如图4-115所示。

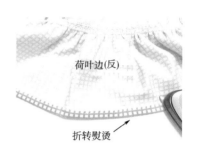

图4-115

（2）从反面缉明线距底边1cm，如图4-116所示。

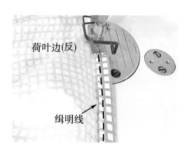

图4-116

9. 整烫

整烫顺序：侧缝→底边→衣袖→大身。

图4-117

## 2. 平面款式图（图4-118）

图4-118

### 3. 款式说明

此款裙子为插肩袖。插肩袖上有花边装饰，领口与袖口采用45°斜条包边，适合2~3岁的幼童穿着。

## （二）结构制图

### 1. 规格设计（表4-4）

表4-4　规格表　　　　单位：cm

| 号 | 胸围（B） | 裙长（L） |
|---|---|---|
| 90 | 58 | 50 |
| 100 | 62 | 55 |
| 110 | 66 | 62 |

### 2. 结构图（图4-119）

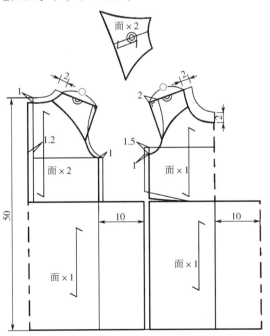

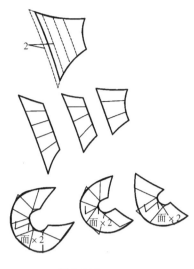

图4-119

### 3. 结构要点

此裙胸围有8cm的松量。袖子上的花边采用的是扇形展开。前片腹省，一部分转移到腋下，形成袖窿松量；另一部分形成腹省。

## （三）样板放缝及排料图

### 1. 样板放缝

除裙底边放缝份3cm和后中放缝份3cm外，其余放缝份1cm（图4-120）。

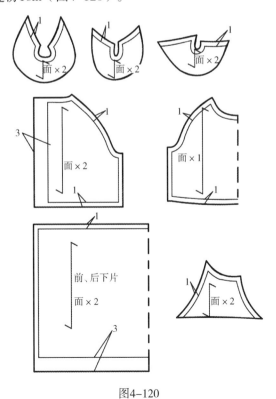

图4-120

### 2. 排料

面料：幅宽148cm，对铺排料，用料57cm（图4-121）。

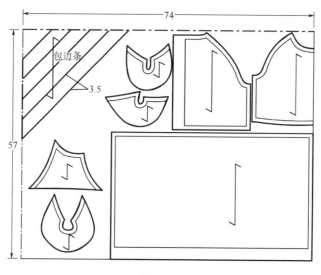

图4-121

### （四）工艺流程图（图4-122）

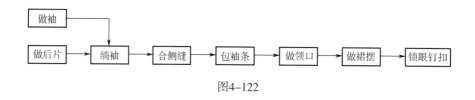

图4-122

### （五）制作过程

#### 1. 做后片

（1）将右后衣片门襟反面粘衬，并根据门襟线向反面折转熨烫，如图4-123、图4-124所示。

图4-124

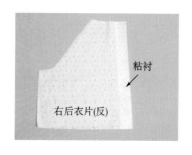

图4-123

（2）左、右后衣片做法相同，如图4-125所示。

#### 2. 做袖

（1）右袖花边除花边1上口不锁边外，其余花边四周均锁边，如图4-126所示。

图4-125

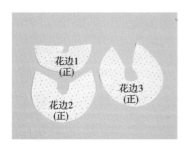

图4-126

（2）将右袖花边1反面与右袖片正面相对，从上口机缝1cm固定，如图4-127、图4-128所示。

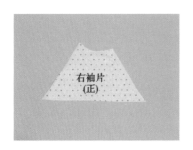

图4-127

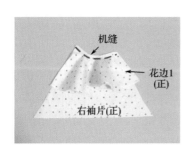

图4-128

（3）掀开花边1，将右袖花边2反面与右袖片正面相对，沿绱花边位置机缝1cm固定，如图4-129所示。

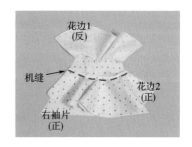

图4-129

（4）掀开花边2，将右袖花边3反面与右袖片正面相对，沿绱花边位置机缝1cm固定，如图4-130所示。

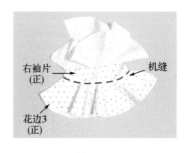

图4-130

（5）将3层花边侧边与衣袖侧边对齐，机缝固定。左、右袖片如图4-131、图4-132所示。

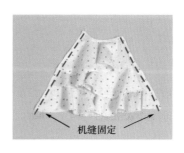

图4-131

图4-132

### 3. 绱袖

（1）将左袖片与左后衣片正面相对，沿后袖片缝份机缝一道，如图4-133所示。

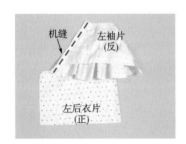

图4-133

（2）将左袖片与左前衣片正面相对，沿前袖片缝份机缝一道，如图4-134、图4-135所示。

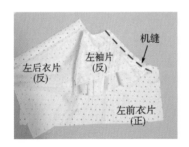

图4-134

图4-135

（3）右袖片以同样方法绱袖，如图4-136所示。

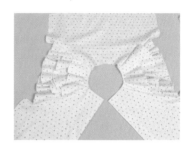

图4-136

### 4. 合侧缝

机缝前、后衣片侧缝，如图4-137所示。

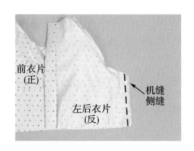

图4-137

### 5. 包袖条

（1）斜裁45°包边条，如图4-138所示。

图4-138

（2）将包边条正面与袖窿缝份反面相对，从领口开始机缝0.5cm缝份。沿袖窿缝份机缝一周，如图4-139、图4-140所示。

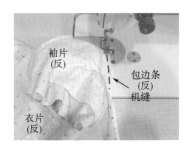

图4-139

图4-140

（3）将包边条沿反面折转0.5cm，包住袖窿缝份并扣压0.1cm明线在衣身上，如图4-141、图4-142所示。

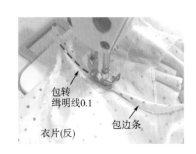

图4-141

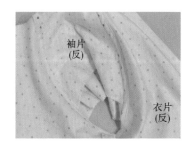

图4-142

**6.做领口**

（1）向反面对折熨烫包边条，如图4-143所示。

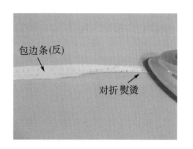

图4-143

（2）将对折的包边条放置在衣身反面，毛边与领口缝份对齐，包边条长出门襟线1cm，沿领口一周缝份机缝包边条，缝份0.5cm，如图4-144、图4-145所示。

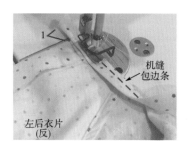

图4-144

图4-145

（3）包边条长出门襟线的缝份朝向包边条折转，如图4-146所示。

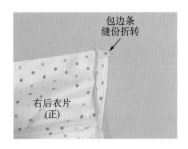

图4-146

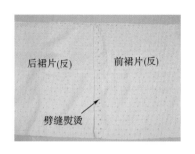

图4-150

（4）包边条包转领口缝份，扣压在衣身正面，缉0.1cm明线，如图4-147、图4-148所示。

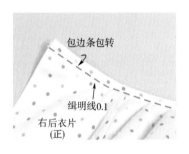

图4-147

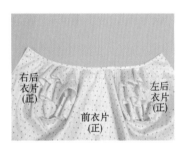

图4-148

**7. 做裙摆**

（1）将前、后裙片正面相对，机缝侧缝，缝份1cm。然后劈缝熨烫。左、右侧缝均相同做法，如图4-149、图4-150所示。

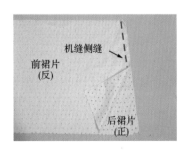

图4-149

（2）从裙片正面沿腰口线大针距机缝一道。然后根据衣身腰线长度抽碎褶，如图4-151、图4-152所示。

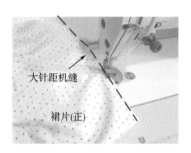

图4-151

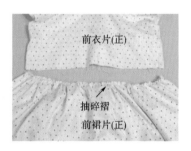

图4-152

（3）将衣片套入裙片里面，正面相对，沿腰口线缝份机缝一道并锁边，如图4-153、图4-154所示。

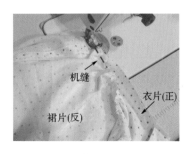

图4-153

图4-154

（4）翻转至正面，如图4-155所示。

图4-155

（5）裙底边先向反面折转1cm，再继续折转2cm熨烫。然后沿折边缉明线0.2cm，如图4-156、图4-157所示。

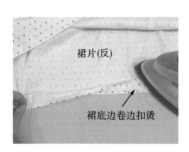

图4-156

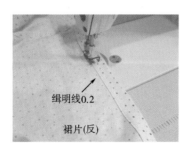

图4-157

**8. 锁眼钉扣**

如图4-158所示。

图4-158

## 案例五——半身褶裥裙

### （一）款式特点

**1. 款式图（图4-159）**

图4-159

**2. 平面款式图（图4-160）**

**3. 款式说明**

褶裥裙是校园风格的代表服饰之一，此款裙子侧边绱拉链，适合7~12岁的学龄儿童穿着。

图4-160

## （二）结构制图

### 1. 规格设计（表4-5）

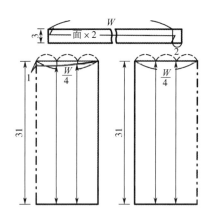

表4-5　规格表　　　　单位：cm

| 号 | 腰围（*W*） | 裙长（*L*） |
|---|---|---|
| 120 | 52 | 34 |
| 130 | 55 | 37 |
| 140 | 57 | 41 |

### 2. 结构图（图4-161）

### 3. 结构要点

褶裥裙的腰围比孩子的净腰围大1cm。1cm为腰围上的呼吸和运动松量，保证孩子的穿着舒适性。裙身按照腰围尺寸直筒装，在需要褶裥的地方展开。由于展开量较大，远大于臀围的量，可以保证穿着。

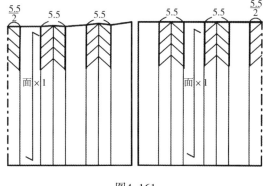

图4-161

## 案例六——背带裙

## （一）款式特点

### 1. 款式图（图4-162）

图4-162

**2. 平面款式图（图4-163）**

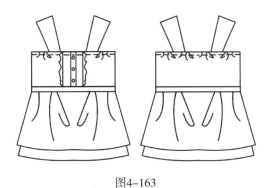

图4-163

**3. 款式说明**

此裙为高腰线分割，裙身上口采用松紧带，可以任意调节围度，下部采用碎褶裙，适合3~6岁儿童穿着。

## （二）结构制图

**1. 规格设计（表4-6）**

表4-6　规格表　　　　单位：cm

| 号 | 胸围（$B$） | 裙长（$L$） |
|---|---|---|
| 90 | 50 | 44 |
| 100 | 54 | 50 |
| 110 | 56 | 57 |

**2. 结构图（图4-164）**

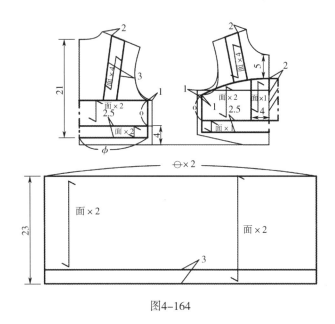

图4-164

**3. 结构要点**

此裙前片的腹省转移1cm为袖窿松量。裙子的上口绱松紧带，松紧带弹性较大，因此成品的胸围可以不给出松量。制图时胸围的展开量较大，这是褶皱量和穿着后的运动松量。

## 案例七——泡泡袖连衣裙

### （一）款式特点

**1. 款式图（图4-165）**

图4-165

## 2. 平面款式图(图4-166)

图4-166

### 3. 款式说明

此款裙子适合12岁左右的女孩春秋季节穿着。这个时期的女孩身体变得修长，胸部也稍稍隆起，采用公主线分割的裙身能展现出少女的体态。

## （二）结构制图

### 1. 规格设计（表4-7）

表4-7 规格表　　单位：cm

| 号 | 胸围（B） | 裙长（L） |
| --- | --- | --- |
| 145 | 81 | 77 |
| 150 | 83 | 80 |
| 155 | 87 | 83 |

### 2. 结构图（图4-167、图4-168）

### 3. 结构要点

此裙胸围松量为11cm，春秋季节穿着较为合体。前片的腹省转移1.5cm为胸省，剩余的转到腰下分割线上。女童这个阶段的腰部曲线逐渐显现，腰省按照成人的比例分配，省量略小。

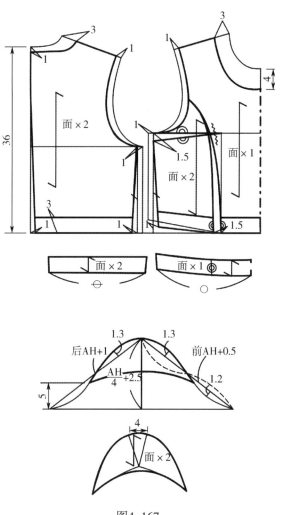

图4-167

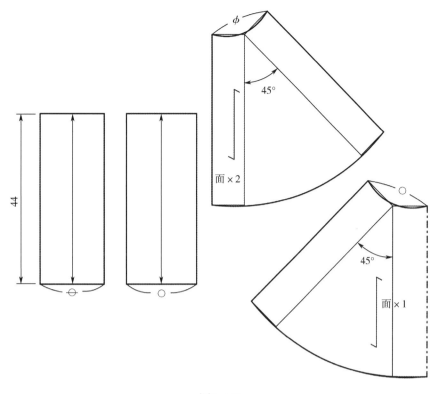

图4-168

# 第五章　童装外套的结构与工艺设计

## 第一节　童装外套的结构与工艺设计特点

童装外套一般是指春、秋、冬季穿着在衬衫或内衣等之外的服装，如夹克、西服、风衣、大衣等，是儿童外出的主要服饰之一。相对于成年人的外套而言，由于童装的外套长度和围度都要考虑生长发育的需要，造型上力求简洁、童趣，穿脱方便，适合运动，廓型以直线为主。小童外套上的装饰以贴布、刺绣、印染等为主，少采用易脱落有危险的小装饰物，如绳、带等。大童外套可适当加入成人的设计元素，男童外套大多以男装造型风格为参考，女童外套则在女装外套的基础上更多地体现儿童元素。在面料选择上，由于外套的穿着目的主要是防寒保暖、防雨除尘，因此应根据不同的需求选择轻便、保暖、结实的毛、棉、混纺、针织及皮革等面料，如图5-1~图5-3所示。

根据儿童生长发育的特点，3岁以前的儿童脖颈较短，因此在衣领结构上，领座的构成不能太高，平领、立翻领和戴帽领都较为常见，随着儿童成长，逐渐趋近成人的衣领造型。由于是穿在外面的秋冬服装，衣身长度一般以超过臀围线为宜，领围、肩宽、胸围都具有一定的放松量。胸围的加放量则较为宽松，一般会大于原型胸围的加放量，腰围则根据款式而定。大女童的外套则根据身体的发育特征及款式变化，适当增加胸省和腰省。袖窿深则根据胸围加放量以及款式特征在原型袖窿深的基础上进行适度加深，以增加袖窿部位的运动机能性。宽松型袖山的高度较原型袖山高度降低，以增加袖肥来提高运动性；而合体型袖山的高度则酌情增高，以减小袖肥来提高美观性。根据不同的款式设计要求，各个部位的加放尺寸也会发生相应的改变。

图5-1

图5-2

图5-3

# 第二节　童装外套的结构与工艺案例

## 案例一（制作实物）——女童外套

### （一）款式特点

1. **款式图**（图5-4）

图5-4

2. **平面款式图**（图5-5）

图5-5

3. **款式说明**

此款为灯芯绒面料外套，舒适透气，适合5~6

岁儿童穿着。外套采用全挂里，以满足秋冬季节的需要。

### （二）结构制图

1. **规格设计**（表5-1）

表5-1　规格表　　　　　单位：cm

| 号 | 胸围（B） | 衣长（L） | 袖长（SL） | 底领高（BH） |
|-----|---------|---------|----------|-----------|
| 100 | 74 | 49 | 33 | 2 |
| 110 | 76 | 54 | 36 | 2.2 |
| 120 | 80 | 58 | 39 | 2.2 |

## 2. 结构图（图5-6）

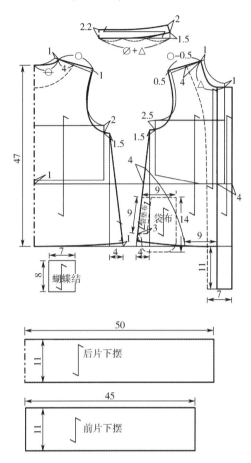

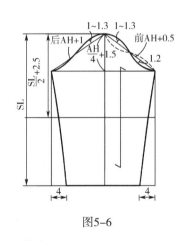

图5-6

## 3. 结构要点

拷贝原型以腰围线对齐，后片向上1cm，这样相当于转移了1cm腹省量去下摆。胸围留出20cm松量，十分宽松便于容纳里面的服装。前片的腹省一部分转移为袖窿松量，一部分转移去了下摆。袖子为一片袖，袖口宽大，便于穿着。袖山曲线根据具体面料，可以在此图基础上略微调整。

## （三）样板放缝及排料图

### 1. 面板放缝

除衣身下摆底边和袖口放缝份3cm外，其余放缝份1cm（图5-7、图5-8）。

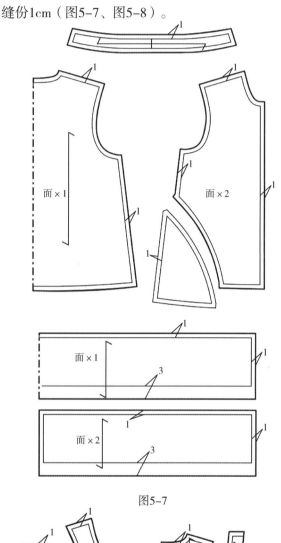

图5-7

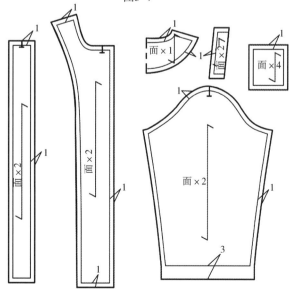

图5-8

## 2. 里板放缝

衣身袖窿和腋下放缝份1.5cm；袖山弧线放缝份1.5~2cm，是增加手臂的活动量；后中放缝份2.5cm，是增加一个褶裥，便于手臂向前运动。其余均放缝份1cm（图5-9、图5-10）。

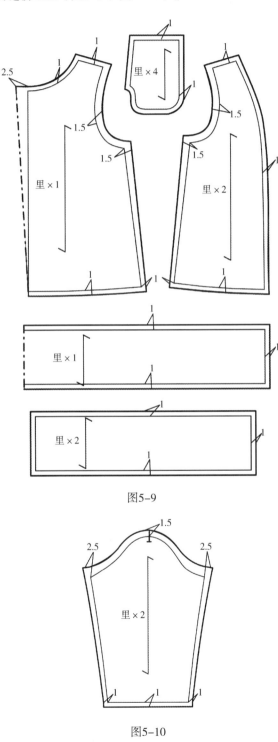

图5-9

图5-10

## 3. 排料

面料：幅宽148cm，对折排料，用料104cm

（图5-11）。

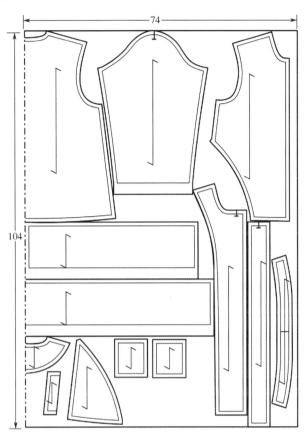

图5-11

里料：幅宽148 cm，对折排料，用料76cm（图5-12）。

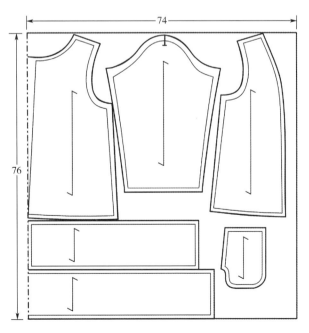

图5-12

## （四）工艺流程图（图5-13）

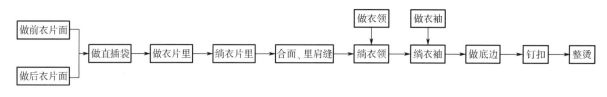

图5-13

## （五）制作过程

### 1.做前衣片面

（1）将左前衣片面和左前侧片面正面相对，沿分割线净样机缝，如图5-14、图5-15所示。

图5-14

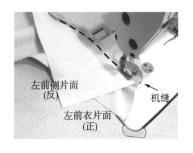

图5-15

（2）将缝份倒向左前侧片，在拼合完成后的左前衣片面的正面沿分割线在左前侧片上缉0.5cm明线，以压住缝份，如图5-16所示。

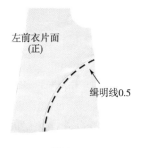

图5-16

（3）右前衣片面与左前衣片面的做法相同，如图5-17所示。

图5-17

（4）右前衣片面下部的荷叶边上口抽碎褶，如图5-18所示。

图5-18

（5）将右前衣片面和荷叶边正面相对，从反面机缝，缝份1cm，如图5-19所示。

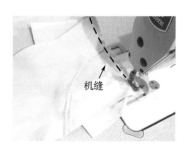

图5-19

（6）缝份倒向上方，翻转至正面，沿缝迹线边沿在右前衣片面上缉0.1cm明线，以压住缝份，如图5-20所示。

图5-20

（7）左、右前衣片面做法相同，如图5-21所示。

图5-21

（8）将蝴蝶结面与蝴蝶结里正面相对，沿净样线机缝三边，如图5-22、图5-23所示。

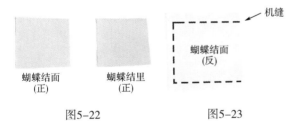

图5-22　　　　　　图5-23

（9）翻转至正面熨烫，并在未封口的一边抽碎褶，如图5-24、图5-25所示。

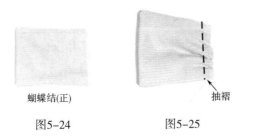

图5-24　　　　图5-25

（10）将蝴蝶结未封口的一边机缝固定在前衣片中线边缘，如图5-26所示。

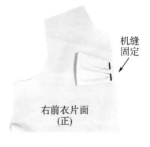

图5-26

（11）门襟反面粘衬，并与前衣片正面相对，沿净样线机缝一道，如图5-27所示。

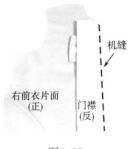

图5-27

（12）缝份倒向门襟一侧，掀开门襟，在门襟正面沿机缝线缉0.5cm明线。左、右前衣片面做法相同，如图5-28、图5-29所示。

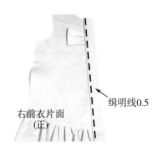

图5-28

图5-29

**2. 做后衣片面**

（1）后荷叶边面上口抽碎褶，如图5-30所示。

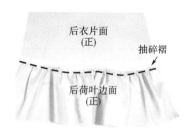

图5-30

（2）将后荷叶边面与后衣片面正面相对机缝，缝份1cm，如图5-31所示。

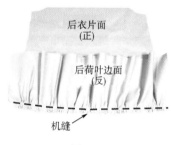

图5-31

（3）荷叶边下翻，缝份朝上，从正面沿机缝线在后衣片面上缉0.1cm明线，以压住缝份，如图5-32所示。

图5-32

**3. 做直插袋**

（1）根据前衣片面侧缝形状裁剪袋布A和袋布B。其中袋布B比袋布A在侧缝处窄1cm，如图5-33、图5-34所示。

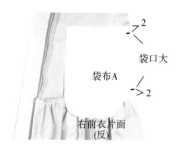

图5-33

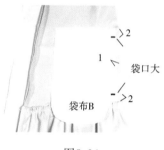

图5-34

（2）将袋垫布锁边，正面向上放置在袋布A上，侧缝处对齐，机缝两边，缝份0.6cm，如图5-35所示。

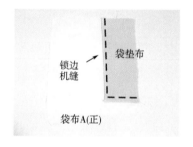

图5-35

（3）袋布A与后衣片面左侧缝正面相对，并在侧缝处退回0.3cm，再沿袋布A侧缝边机缝0.5cm缝份，即此机缝线距离后衣片面侧缝0.8cm，如图5-36所示。

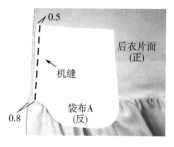

图5-36

（4）左前衣片面袋口位置反面粘衬，如图5-37所示。

图5-37

（5）袋布B与左前衣片面正面相对，侧缝对齐，机缝0.5cm缝份，且起止处各留1cm不缝合，如图5-38所示。

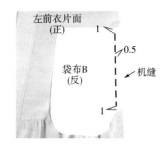

图5-38

（6）左前衣片面与后衣片面正面相对，侧缝对齐，沿净样线机缝侧缝，袋口处留口不缉，如图5-39所示。

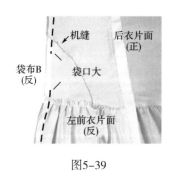

图5-39

（7）反面劈缝熨烫侧缝，如图5-40所示。

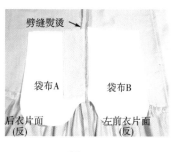

图5-40

（8）在左前衣片面的正面缉袋口明线，宽度0.5cm，如图5-41所示。

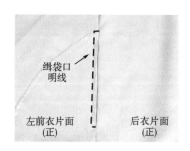

图5-41

（9）反面将袋布A和袋布B对齐，沿三个边双层机缝，如图5-42所示。

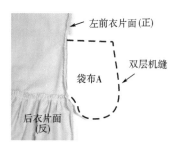

图5-42

（10）翻转至衣片正面，袋口处横向封口。左、右插袋做法相同，如图5-43所示。

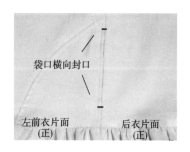

图5-43

### 4. 做衣片里

（1）后衣片里对折，从反面机缝背缝处的褶裥，长度3cm，如图5-44、图5-45所示。

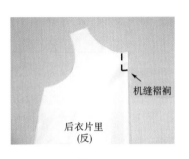

图5-44

图5-45

（2）后领贴与后衣片里正面相对，从反面沿弧线机缝缝合，如图5-46所示。

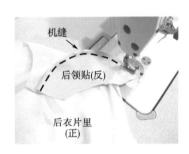

图5-46

（3）缝份倒向后领贴，从正面在后领贴上缉明线0.1cm压住缝份，如图5-47所示。

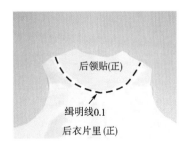

图5-47

（4）左、右前衣片里与后衣片里正面相对，从反面缝合侧缝，缝份1cm，如图5-48、图5-49所示。

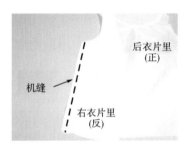

图5-48

图5-49

（5）荷叶边里上口抽碎褶，如图5-50所示。

图5-50

（6）后衣片里与荷叶边里正面相对，从反面机缝，缝份1cm，如图5-51、图5-52所示。

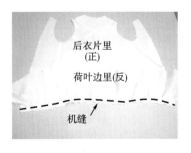

图5-51

图5-52

（7）左、右挂面与左、右前衣片里正面相对，从反面机缝至底边，缝份1cm，在距离底边净样线1.5cm处回针，如图5-53所示。

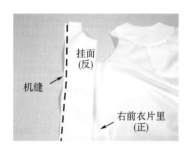

图5-53

（8）将缝份倒向挂面，在挂面正面缉0.1cm明线压住缝份，如图5-54所示。

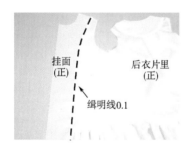

图5-54

（9）左、右两侧做法相同，如图5-55所示。

图5-55

**5. 缉衣片里**

（1）将挂面与前衣片门襟正面相对，沿门襟边缘机缝，底边转角机缝至挂面与衣片里缝合处，如图5-56所示。

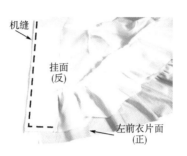

图5-56

（2）修剪转角及门襟缝份，翻转至正面熨烫。左、右两侧做法相同，如图5-57、图5-58所示。

图5-57

图5-58

**6. 合面、里肩缝**

（1）将前衣片面与后衣片面正面相对，肩缝对齐，从反面机缝，缝份1cm，劈缝熨烫，如图5-59、图5-60所示。

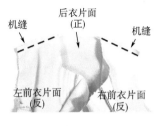

图5-59

图5-60

（2）将前衣片里与后衣片里正面相对，肩缝对齐，从反面机缝，缝份1cm，缝份倒向一侧，如图5-61所示。

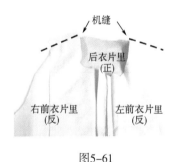

图5-61

### 7. 做衣领

（1）立领面、里反面粘衬，如图5-62所示。

图5-62

（2）将立领面、里正面相对，从立领面反面沿净样线机缝上口。距左、右下口1cm处不缝合，如图5-63所示。

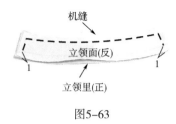

图5-63

（3）修剪缝份至0.3cm，翻转至正面熨烫，如图5-64所示。

图5-64

### 8. 绱衣领

（1）将衣领面、里上的左右端点、后中心点与衣片面、里上的左右前领口的绱领点、后领口绱领点对应位置做标记点A、点O、点B，如图5-65所示。

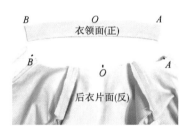

图5-65

（2）立领面与衣片面正面相对，领面下口点A、点O、点B分别与衣片面领口上的点A、点O、点B对齐，沿立领净样线，从左前衣片面点A一直机缝到右前衣片面点B，如图5-66~图5-68所示。

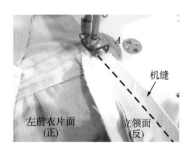

图5-66

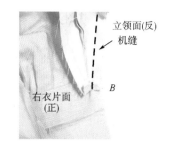

图5-67

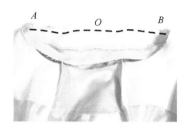

图5-68

（3）以同样方法，立领里与衣片里正面相对，领里下口点A、点O、点B分别与衣片里领口上的点A、点O、点B对齐，沿立领净样线，从左前衣片里点A一直机缝到右前衣片里点B，如图5-69所示。

图5-69

（4）衣片面门襟及衣片里挂面整理对齐，从反面沿净样线机缝未缝合的左、右前领口弧线至点A、点B。注意与绱领线对齐，如图5-70所示。

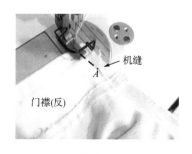

图5-70

（5）在衣片反面将立领的缝份塞入衣领，只将衣片面、里领口缝份对齐并机缝，以固定立领位置。翻转立领至正面熨烫，如图5-71、图5-72所示。

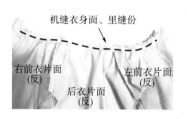

图5-71

图5-72

### 9. 做衣袖

（1）左袖片面两侧缝正面相对，从反面沿净样线机缝，缝份1cm，如图5-73所示。

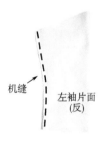

图5-73

（2）缝份劈缝熨烫，如图5-74所示。

图5-74

（3）左袖片里两侧缝正面相对，从反面沿净样线机缝，缝份1cm，缝份倒向一侧，如图5-75所示。

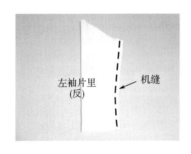

图5-75

（4）将左袖片面翻转至反面，左袖片里正面套入左袖片面，袖口处对齐，如图5-76所示。

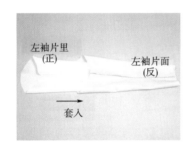

图5-76

（5）沿净样线从反面机缝一圈，缝份1cm，如图5-77所示。

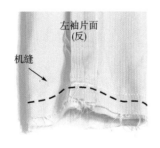

图5-77

（6）翻转袖片，将袖片面、里反面相对，袖口面沿净样线熨烫平整，袖口里向下拉出1cm坐势熨烫，如图5-78所示。

图5-78

（7）拉开袖片里，露出袖口缝份，用三角针将袖口缝份固定在衣袖面上，如图5-79所示。

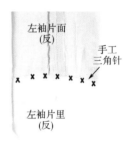

图5-79

（8）衣袖翻转至正面，左、右衣袖做法相同，如图5-80所示。

图5-80

10. 绱衣袖

（1）在衣袖面袖山头沿边缘0.5cm处疏缝一周，抽出与袖窿对应的吃势，如图5-81所示。

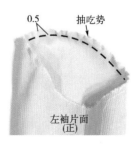

图5-81

（2）衣袖套入衣身，袖山与衣身袖窿正面相对，沿袖窿弧线从反面机缝一周，缝份1cm，如图5-82所示。

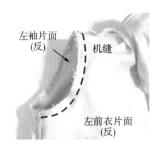

图5-82

（3）翻转至正面，左、右衣袖做法相同。注意袖山头圆顺饱满，如图5-83所示。

图5-83

（4）袖里的袖山与衣片里的袖窿正面相对，从反面机缝一周，缝份1cm，如图5-84所示。

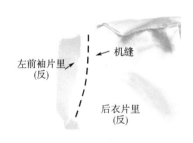

图5-84

（5）翻转至正面，左、右衣袖里做法相同，如图5-85所示。

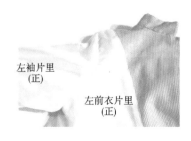

图5-85

**11. 做底边**

（1）衣片面底边缝份向反面扣折熨烫，如图5-86所示。

图5-86

（2）将衣片翻转，衣片面与衣片里正面相对，对齐底边，从反面机缝，缝份1cm。其中在底边处留10cm开口不缝合，如图5-87、图5-88所示。

图5-87

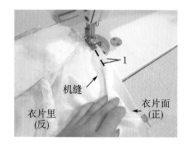

图5-88

（3）将底边缝份用三角针固定在衣片面的反面，如图5-89所示。

图5-89

（4）衣片面、里均从底边留的10cm开口处翻转至正面。再从开口处翻出面、里肩缝、侧缝的缝份，用手针将其彼此固定，如图5-90所示。

衣片里(正)

缲针封口

图5-92

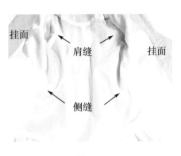

挂面　　　　　挂面

肩缝

侧缝

图5-90

（5）挂面底边处缝份折进挂面，缲缝边缘固定。衣片里底边开口处同样缲针缝合封口，如图5-91、图5-92所示。

**12. 钉扣**

在左、右门里襟处钉子母扣4对。

**13. 整烫**

整烫顺序：侧缝 →底边→袖口→袖身→大身→衣领。

## 案例二——男童西装外套

### （一）款式特点

1. **款式图**（图5-93）

2. **平面款式图**（图5-94）

3. **款式说明**

此款外套适合1~4岁的儿童穿着。款式符合这个阶段孩童的生理特点，下摆放开可容纳孩子的小肚子，松量较大可满足孩子的生长需要。

挂面(正)

缲针

图5-91

图5-93

图5-94

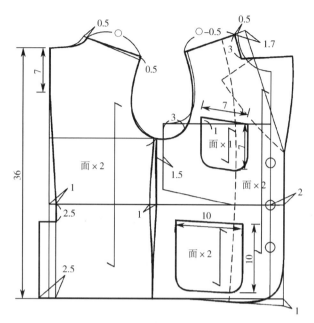

## （二）结构制图

### 1. 规格设计（表5-2）

表5-2　规格表　　单位：cm

| 号 | 胸围（B） | 衣长（L） | 袖长（SL） | 翻领（TCW） | 底领（BH） |
| --- | --- | --- | --- | --- | --- |
| 80 | 64 | 32 | 26 | 3 | 2 |
| 90 | 66 | 36 | 29 | 3 | 2 |
| 100 | 70 | 41 | 32 | 3 | 2 |

### 2. 结构图（图5-95、图5-96）

### 3. 结构要点

由于是春秋季穿着的外套，留出16cm胸围松量。前片的腹省全部转移为袖窿松量。后片肩端点向上0.5cm，略微增加手臂运动空间。领子为翻驳领，采用双切圆法得到。后片颈侧点的向上 $2×0.85=1.7$ cm，再折下 $(3+2)-1.7=3.3$ cm（0.85是固定系数）。前片衣身延长肩线1.7cm，即为颈侧点的底领高，再在肩线上折回3.3cm，并确定翻领形状。按翻折线把翻领形状镜像，按照所绘制的领外口线和领口线长度，在前片衣身上用双切圆法绘制翻领。袖子为两片袖，大、小袖的分割线位置可在第一、第三等分线附近调整。袖山曲线长度根据具体面料，可以在此图基础上略微调整。

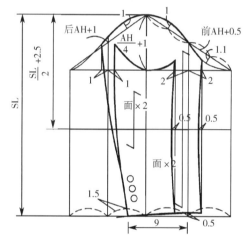

图5-95

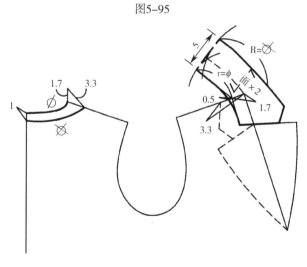

图5-96

## 案例三——男童带帽外套

### （一）款式特点

#### 1. 款式图（图5-97）

图5-97

#### 2. 平面款式图（图5-98）

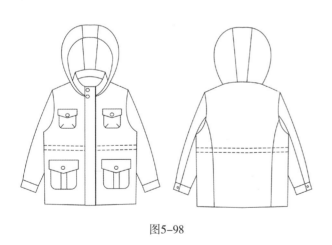

图5-98

#### 3. 款式说明

此款外套适合5~8岁的男童穿着。面料采用防水面料，耐磨易清理，适合户外运动穿着，满足男孩好动的天性。

### （二）结构制图

#### 1. 规格设计（表5-3）

表5-3　规格表　　　　单位：cm

| 号 | 胸围<br>（B） | 衣长<br>（L） | 袖长<br>（SL） | 底领高<br>（BH） | 头围<br>（HS） |
|---|---|---|---|---|---|
| 100 | 74 | 43 | 33 | 3.5 | 50 |
| 110 | 76 | 46 | 36 | 4 | 51 |
| 120 | 80 | 50 | 39 | 4 | 51 |

#### 2. 结构图（图5-99、图5-100）

#### 3. 结构要点

此外套胸围留出20cm松量，十分宽松便于容纳里面的服装。前片的腹省全部转移为袖窿松量。袖窿底端向下2cm，以增加手臂活动空间。立领为直条式，上领口宽松，便于里面穿着高领保暖服装。袖子为两片袖，可以直接在袖原型上变化得到。袖山曲线长度根据具体面料，可以在此图基础上略微调整。

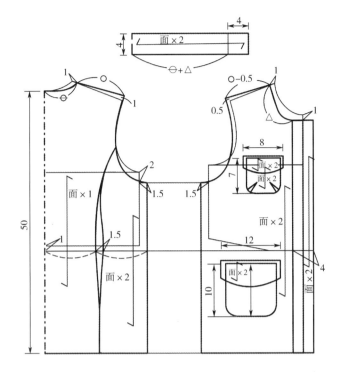

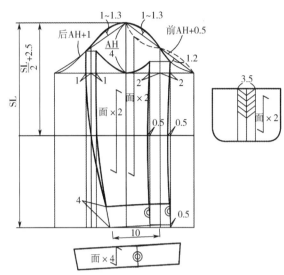

图5-99

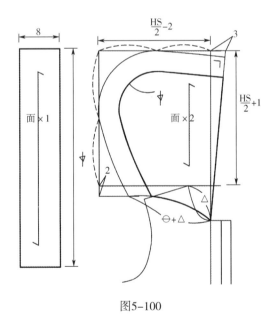

图5-100

# 第六章　童装背心的结构与工艺设计

## 第一节　童装背心的结构与工艺设计特点

背心又称为马甲，主要指穿于衬衫外面无袖无领的一种上衣。最初是19世纪欧洲男性礼服套装中的一种必备服饰。由于穿脱方便，造型简单，容易组合变化，因此在现代童装中也非常普遍。小童的背心相对来说比较活泼，可采用比较卡通的图案及造型，贴布、拼接、印花以及镶、滚、嵌等手段比较常用，如图6-1、图6-2所示。大童的背心则趋向于运动或稳重，装饰工艺较少，更多是运用不同面料拼接以及简单的印花LOGO和刺绣，如图6-3、图6-4所示。面料上可选择棉、毛、化纤以及填充羽绒等以应对不同的季节变化。背心一般长度在腹围线上下，围度放量相对其他服饰来说较小，属于较为合体的服饰。一般根据儿童年龄及体型变化，可设计腰省或侧缝省。工艺上对领口和袖窿的处理要求服帖平顺。

图6-2

图6-3

图6-1

图6-4

# 第二节　童装背心的结构与工艺案例

## 案例一（制作实物）——男童马甲

### （一）款式特点

**1. 款式图（图6-5）**

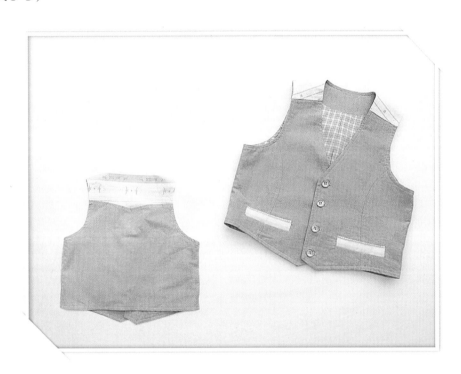

图6-5

**2. 平面款式图（图6-6）**

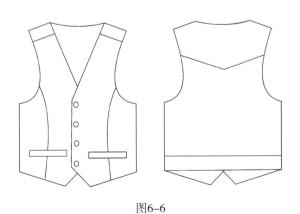

图6-6

**3. 款式说明**

此款是V型领的基本西装马甲，是由男士西装马甲演变而来，适合12岁左右的儿童穿着。

### （二）结构制图

**1. 规格设计（表6-1）**

表6-1　规格表　　　　单位：cm

| 号 | 胸围（$B$） | 衣长（$L$） |
| --- | --- | --- |
| 140 | 80 | 39 |
| 145 | 84 | 40 |
| 150 | 86 | 42 |

2. 结构图（图6-7）

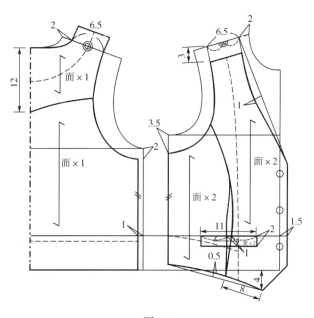

图6-7

3. 结构要点

由于是大童穿着的马甲，为了美观，胸围松量适当给了12cm。腋下降低2cm，适应款式并方便手臂活动。前片的腹省转移1.5cm为袖隆松量，剩下的留在下摆。

（三）样板放缝及排料图

1. 样板放缝

前、后片里底边放缝份2cm，里子后中增加3cm的褶裥。其余均放缝份1cm（图6-8、图6-9）。

2. 排料

面料（1）：幅宽148cm，对铺排料，用料54cm（图6-10）。

面料（2）：幅宽148cm，对铺排料，用料19cm（图6-11）。

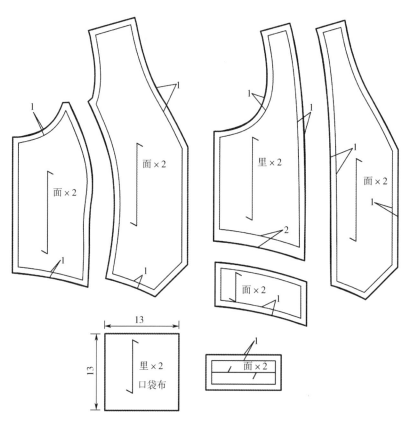

图6-8

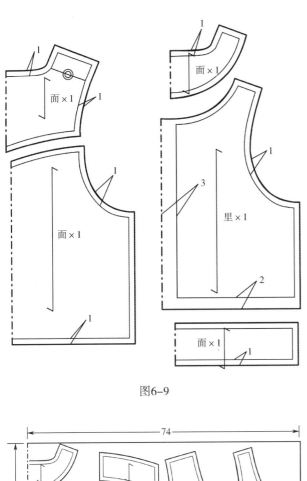

图6-9

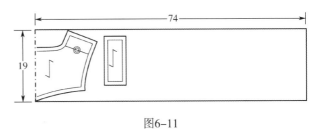

图6-11

里料：幅宽148cm，对铺排料，用料41cm（图6-12）。

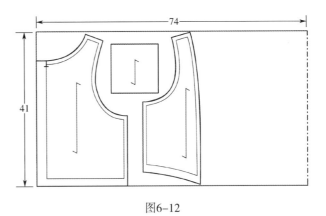

图6-12

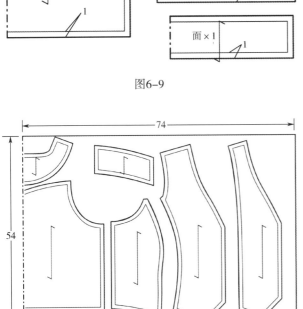

图6-10

（四）工艺流程图（图6-13）

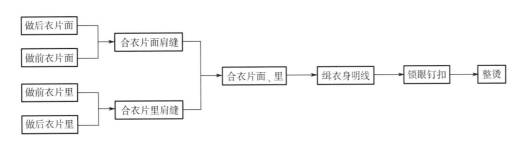

图6-13

**（五）制作过程**

**1. 做后衣片面**

（1）将育克面与后衣片面正面相对机缝，缝份1cm，如图6-14所示。

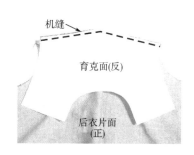

图6-14

（2）在缝份转角处打剪口，并将缝份倒向后衣片熨烫，如图6-15、图6-16所示。

图6-15

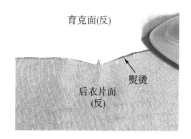

图6-16

（3）翻转至正面，沿合缝线在后衣片面上缉明线0.6cm，如图6-17所示。

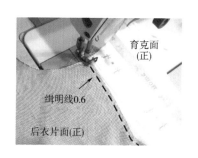

图6-17

**2. 做前衣片面**

（1）前衣片面1反面粘全衬，前衣片面2反面粘半衬，如图6-18所示。

图6-18

（2）将左前衣片面1与左前衣片面2正面相对，沿刀背缝机缝，缝份1cm，如图6-19所示。

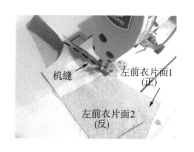

图6-19

（3）翻转至衣片正面，将缝份倒向前衣片面2并沿分割线在前衣片面2上缉明线0.6cm，如图6-20所示。

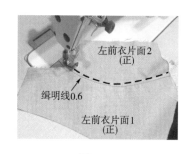

图6-20

（4）左、右衣片面做法相同，如图6-21所示。

图6-21

（5）口袋嵌条反面粘衬，如图6-22所示。

图6-22

（6）口袋嵌条向正面对折熨烫，两边机缝，缝份1cm，如图6-23所示。

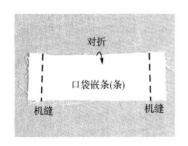

图6-23

（7）将口袋嵌条翻转至正面熨烫平整，在折边口缉明线0.5cm，如图6-24所示。

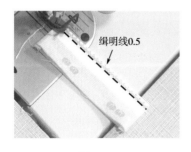

图6-24

（8）在口袋嵌条反面距离毛边1cm处画线条A—B，如图6-25所示。

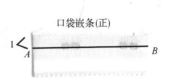

图6-25

（9）将口袋嵌条正面朝上，放置在口袋布的正面，左、右两侧露出口袋布缝份，沿口袋布上口机缝，缝份0.8cm，如图6-26所示。

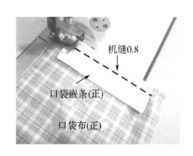

图6-26

（10）在左前衣片面反面袋口位粘衬，ABCD代表袋口位置，如图6-27所示。

图6-27

（11）将口袋布正面与左前衣片面正面相对，口袋嵌条夹在口袋布与左前衣片面之间，口袋嵌条点A、点B与袋口位置点A、点B重合，从点B到点A机缝，两端回针，如图6-28所示。

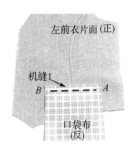

图6-28

（12）掀开口袋布及嵌条的缝份，从袋口位置中间部分剪开，向两侧剪至距袋口位0.5cm处，然后分别垂直向上剪至距离点C、点D 0.5cm处，向斜下方剪至距离点A、点B 0.2cm处，如图6-29、图6-30所示。

图6-29

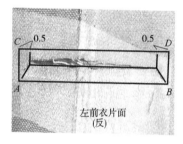

图6-30

（13）将口袋布从左前衣片面正面剪口处翻至衣片反面，如图6-31所示。

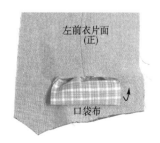

图6-31

（14）衣片面正面，将嵌条布掀起摆正，如图6-32所示。

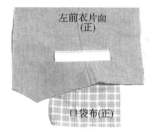

图6-32

（15）衣片面反面，将口袋布下端折转至与袋口上端缝份对齐，如图6-33所示。

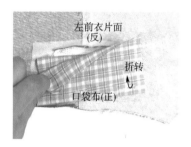

图6-33

（16）将口袋布缝份及衣片剪口缝份一起缝合，如图6-34所示。

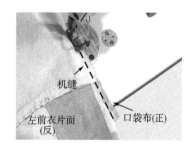

图6-34

（17）将口袋布两侧机缝并锁边，如图6-35所示。

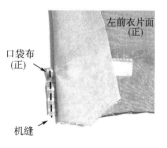

图6-35

（18）左前衣片面正面嵌条两侧缉明线封口，如图6-36所示。

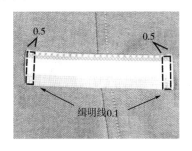

图6-36

（19）左、右前衣片面做法相同，如图6-37所示。

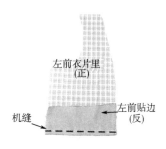

图6-37

**3. 做前衣片里**

（1）将左前衣片里与左前贴边正面相对，从反面机缝，缝份1cm，如图6-38所示。

图6-38

（2）贴边翻下来，左挂面与左前衣片里正面相对机缝，缝份1cm，如图6-39所示。

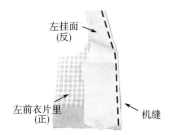

图6-39

（3）缝份倒向挂面并在挂面上缉0.1cm明线，如图6-40所示。

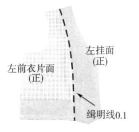

图6-40

（4）右前衣片里做法与左前衣片里做法相同，如图6-41所示。

图6-41

**4. 做后衣片里**

（1）后衣片里的点A、点O、点B为褶裥位置，如图6-42所示。

图6-42

（2）在后衣片里反面，将点A、点B重合，纵向机缝3cm。翻转至正面。形成箱型裥，如图6-43、图6-44所示。

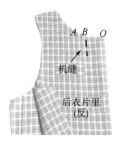

图6-43

图6-44

（3）后领贴反面粘衬，如图6-45所示。

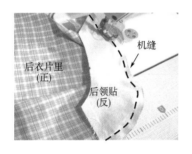

图6-45

（4）后领贴与后衣片里正面相对，沿下口机缝，缝份1cm，如图6-46所示。

图6-46

（5）缝份倒向后领贴并在后领贴上缉明线0.1cm，如图6-47所示。

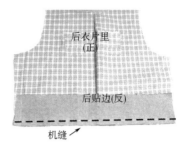

图6-47

（6）后衣片里下端依然形成一个箱型裥，然后后贴边与后衣片里正面相对机缝，缝份1cm，如

图6-48所示。

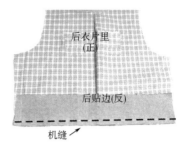

图6-48

**5. 合衣片面肩缝**

（1）将左、右前衣片面与后衣片面正面相对，机缝肩缝，缝份1cm，如图6-49所示。

图6-49

（2）衣片翻转至正面，肩缝缝份倒向后衣片，并在育克上沿肩线缉明线0.6cm，如图6-50所示。

图6-50

**6. 合衣片里肩缝**

将左、右前衣片里与后衣片里正面相对，机缝肩缝，缝份1cm并劈缝熨烫，如图6-51所示。

图6-51

### 7. 合衣片面、里

（1）将衣片面与衣片里正面相对，沿左挂面底边经过门襟、领口直到右挂面底边机缝一周，缝份1cm，如图6-52所示。

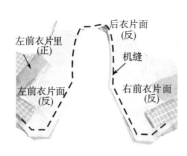

图6-52

（2）将衣片面与衣片里袖窿正面相对，机缝一道，缝份1cm，如图6-53所示。

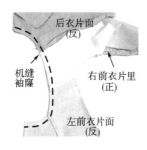

图6-53

（3）将领口及袖窿处缝份修剪至0.5cm，在弧线处打剪口，如图6-54所示。

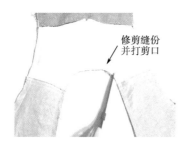

图6-54

（4）将后衣片面向上掀开，手伸进后衣片面、里之间，将左、右前衣片通过肩缝拉出来，如图6-55、图6-56所示。

图6-55

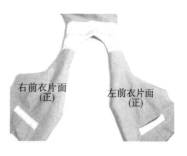

图6-56

（5）整理并熨烫领口及袖窿，注意衣片面要吐出0.1cm的量，以免吐里，如图6-57所示。

图6-57

（6）将前衣片面与后衣片面正面相对，从反面合缉侧缝，如图6-58所示。

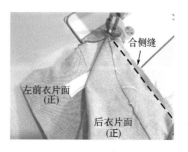

图6-58

（7）将前衣片里与后衣片里正面相对，从反面合缉侧缝。注意左侧缝留出10cm的开口不缝合，如图6-59、图6-60所示。

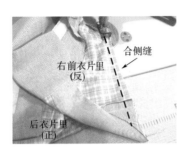

图6-59

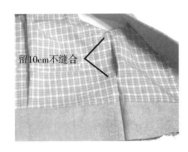

图6-60

（8）从左侧缝留的开口将衣片底边翻出。衣片面的底边与衣片里的底边正面相对，从反面缝合，缝份1cm，如图6-61所示。

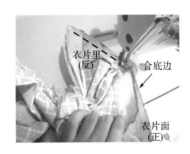

图6-61

（9）将衣片底边通过左侧缝留口返回原位，然后从正面熨烫，并在衣里长度方向多留出1cm松量，即坐势，如图6-62所示。

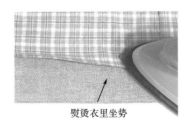

图6-62

（10）机缝衣里左侧缝的留口，也可手针暗缲缝合，如图6-63所示。

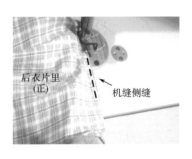

图6-63

### 8. 缉衣身明线

在马甲正面沿领口、门襟、底边缉明线0.6cm，两袖窿缉明线0.6cm，如图6-64所示。

图6-64

### 9. 锁眼钉扣

（1）扣眼位置均在左前衣片门襟侧，横向锁扣眼3个。

（2）纽扣位置均对应在右前衣片里襟侧，钉纽扣3粒，如图6-65所示。

图6-65

### 10. 整烫

整烫顺序：衣里→侧缝→底边→袖窿→领口→大身。

## 案例二（制作实物）——女童夏季背心

### （一）款式特点

#### 1. 款式图（图6-66）

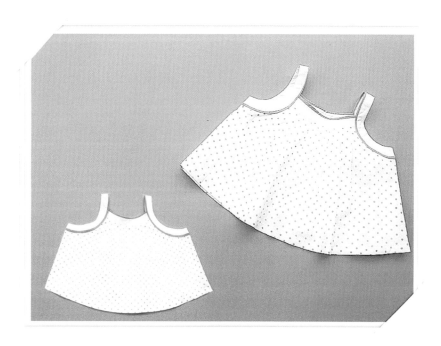

图6-66

#### 2. 平面款式图（图6-67）

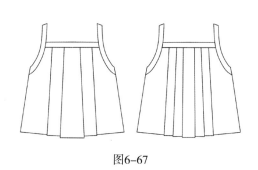

图6-67

#### 3. 款式说明

此款是女童夏季吊带背心。衣身前面有6个刀褶，后面有4个刀褶，适合6~7岁的儿童穿着。

### （二）结构制图

#### 1. 规格设计（表6-2）

表6-2　规格表　　　　　　单位：cm

| 号 | 胸围（B） | 衣长（L） |
| --- | --- | --- |
| 110 | 62 | 33 |
| 120 | 66 | 35 |
| 130 | 70 | 37 |

#### 2. 结构图（图6-68）

#### 3. 结构要点

由于是女童夏季穿着的背心，胸围松量只给了6cm。前片的腹省全部转移到下摆。

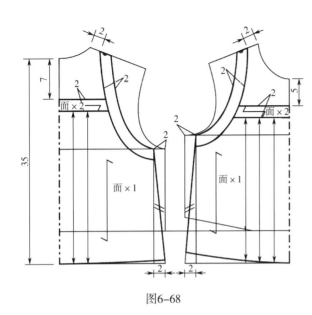

图6-68

### （三）样板放缝及排料图

#### 1. 样板放缝

此款背心除底边放缝份2.5cm外，其余均放缝份1cm（图6-69）。

#### 2. 排料（图6-70）

面料（1）：幅宽148cm，平铺排料，用料30cm。

面料（2）：幅宽148cm，对铺排料，用料30cm。

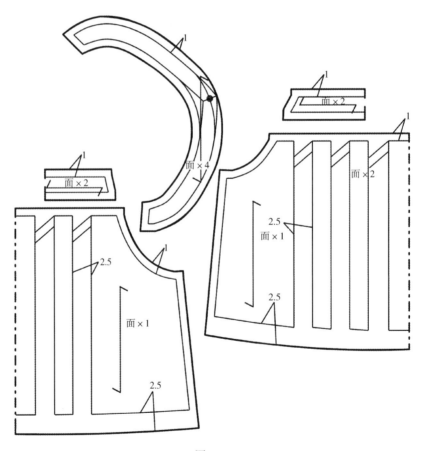

图6-69

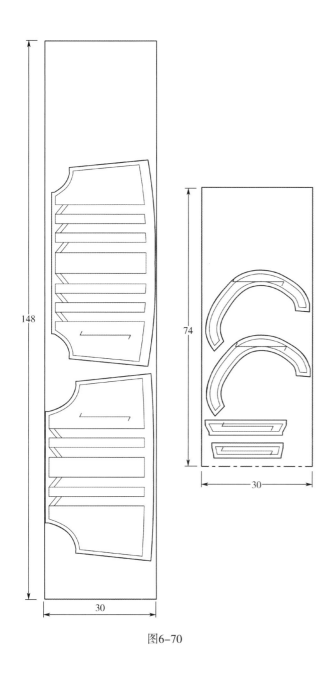

图6-70

图6-72

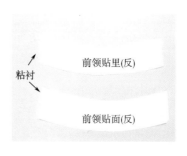

图6-73

（2）前领贴面、里粘衬，如图6-74所示。

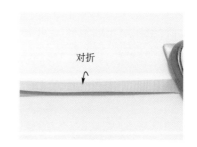

图6-74

（3）牵条对折熨烫，如图6-75所示。

## （四）工艺流程图（图6-71）

图6-71

## （五）制作过程

### 1. 做前衣片

（1）前衣片做褶裥，左右各3个，分别倒向袖窿，如图6-72、图6-73所示。

（4）将牵条放置在领贴面正面上口，机缝缝份0.5cm，折边朝下，如图6-76所示。

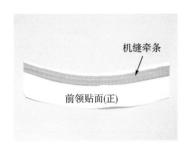

图6-76

（5）前领贴面与前领贴里正面相对，上口机缝，缝份1cm，如图6-77所示。

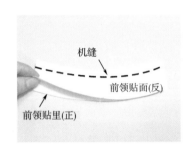

图6-77

（6）修剪多余缝份，如图6-78所示。

图6-78

（7）折转至领贴正面熨烫，如图6-79所示。

图6-79

（8）在正面沿领贴面上口缉0.1cm明线，如图6-80所示。

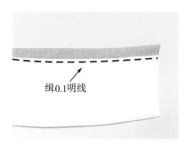

图6-80

（9）前领贴面与前衣片正面相对，沿领口机缝，缝份1cm，如图6-81所示。

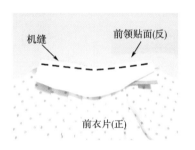

图6-81

（10）前领贴里扣转至前衣片反面，下口扣烫1cm缝份，盖住第（9）步所缉线迹，如图6-82所示。

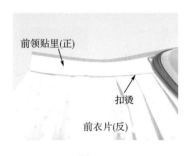

图6-82

（11）从正面沿前领贴面缉明线0.1cm，如图6-83所示。

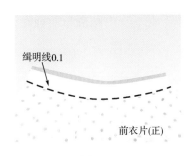

图6-83

### 2. 做后衣片

（1）后衣片做褶裥，左右各2个，分别倒向袖窿，如图6-84所示。

图6-84

（2）其余制作步骤与前衣片相同，如图6-85所示。

图6-85

### 3. 做袖窿贴边

（1）袖窿贴边面、里从反面粘衬，如图6-86所示。

图6-86

（2）牵条做法与领口相同。将折烫好的牵条毛边处与袖窿贴边面机缝0.5cm固定，如图6-87所示。

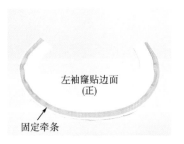

图6-87

（3）袖窿贴边面、里正面相对，沿内口机缝，缝份1cm，如图6-88所示。

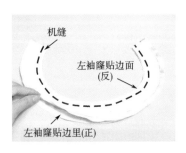

图6-88

（4）修剪缝份至0.3cm，并在弯曲处打剪口，如图6-89、图6-90所示。

图6-89

图6-90

（5）折转至正面熨烫，如图6-91所示。

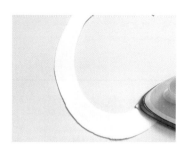

图6-91

（6）前袖窿贴边面与前衣片正面相对，根据对位点沿袖窿机缝，缝份1cm，如图6-92、图6-93所示。

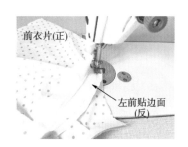

图6-92

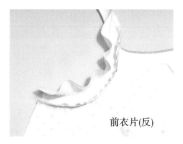

图6-93

（7）左、右前袖窿贴边做法相同，如图6-94所示。

图6-94

（8）后袖窿贴边做法与前袖窿贴边相同，如图6-95所示。

图6-95

（9）分别将侧缝及袖窿贴边锁边，机缝前后侧缝并劈缝熨烫，如图6-96、图6-97所示。

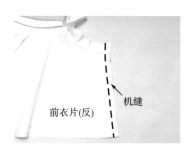

图6-96

图6-97

（10）袖窿贴边里扣转至衣片反面熨烫，盖住下面的线迹，如图6-98所示。

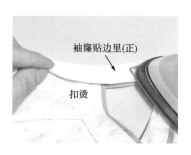

图6-98

（11）从正面沿袖窿贴边面缉0.1cm明线，如图6-99所示。

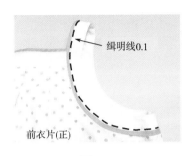

缉明线0.1

前衣片(正)

图6-99

（12）左、右两侧做法相同，如图6-100所示。

图6-100

**4.做底边**

（1）底边锁边并折转熨烫2.5cm，如图6-101所示。

锁边、扣烫

图6-101

（2）沿锁边缉明线0.5cm，如图6-102所示。

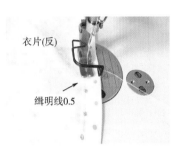

衣片(反)

缉明线0.5

图6-102

**5.整烫**

整烫顺序：衣里→侧缝→底边→袖窿→领口→大身。

## 案例三——男童夏季背心

### （一）款式特点

**1.款式图（图6-103）**

图6-103

**2. 平面款式图（图6-104）**

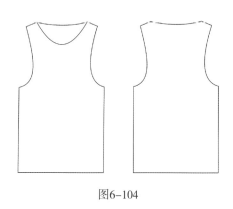

图6-104

**3. 款式说明**

此款背心适合7~9岁的儿童穿着。面料采用针织棉，透气吸汗。

**（二）结构制图**

**1. 规格设计（表6-3）**

表6-3　规格表　　　单位：cm

| 号 | 胸围（B） | 衣长（L） |
|---|---|---|
| 110 | 62 | 36 |
| 120 | 66 | 38 |
| 130 | 70 | 40 |

**2. 结构图（图6-105）**

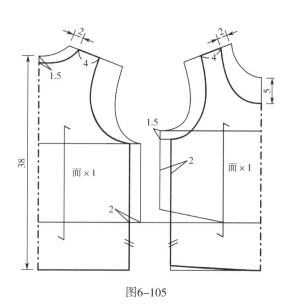

图6-105

**3. 结构要点**

由于背心是采用针织面料，胸围只有5cm的松量，整体较合体。背心的领口与袖口采用罗纹针织布包边工艺。

## 案例四——男童羽绒背心

**（一）款式特点**

**1. 款式图（图6-106）**

图6-106

## 2. 平面款式图（图6-107）

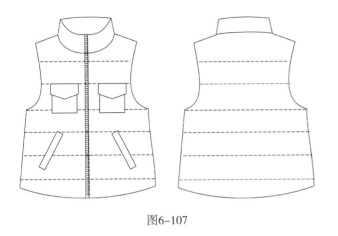

图6-107

## 3. 款式说明

此款背心适合1~3岁的儿童穿着。背心为机织防水面料，内外层之间夹羽绒，秋冬季保暖效果较好。

## （二）结构制图

### 1. 规格设计（表6-4）

表6-4　规格表　　　　　　单位：cm

| 号 | 胸围（B） | 衣长（L） |
|---|---|---|
| 80 | 66 | 30 |
| 90 | 68 | 33 |
| 100 | 72 | 37 |

## 2. 结构图（图6-108）

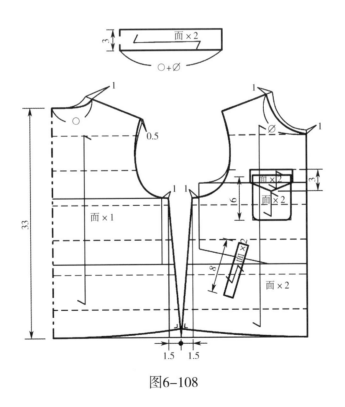

图6-108

### 3. 结构要点

由于是冬季穿着的背心，胸围松量较大，给了18cm。背心宽松，整体呈平面，因此把前片的腹省全部转移为袖窿松量。立领前端无起翘量，是直条式立领。

## 案例五——女童带帽背心

### （一）款式特点

#### 1. 款式图（图6-109）

图6-109

#### 2. 平面款式图（图6-110）

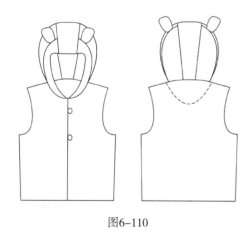

图6-110

#### 3. 款式说明

此款背心适合2~3岁的幼童穿着。背心款式宽松，采用植绒面料具备更好的保暖性。帽子采用卡通头像设计，更具童趣。

### （二）结构制图

#### 1. 规格设计（表6-5）

表6-5　规格表　　　　单位：cm

| 号 | 胸围（B） | 衣长（L） | 头围（HS） |
|---|---|---|---|
| 80 | 62 | 27 | 47 |
| 90 | 68 | 30 | 49 |
| 100 | 72 | 34 | 50 |

#### 2. 结构图（图6-111）

#### 3. 结构要点

由于是冬季穿着的背心，胸围松量较大，给了18cm。背心宽松，整体呈平面，因此把前片的腹省全部转移为袖窿松量。帽子为三片式，帽子的下口线与衣身领围线长度一致。

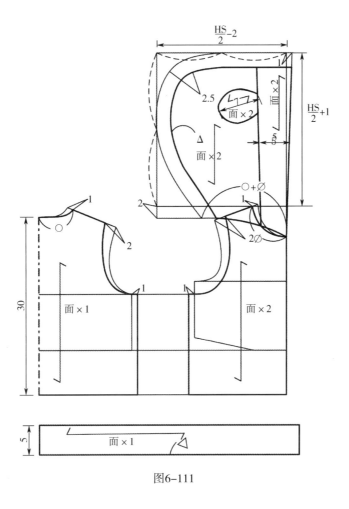

图6-111

# 第七章　童装裤子的结构与工艺设计

## 第一节　童装裤子的结构与工艺设计特点

裤子是指为了适合人类下半身体形而把人的双腿分别用面料包裹，并在前后裆部缝合起来的一种下装，具有很好的功能性、运动性、防寒性和装饰性，是童装中一个重要的类别。根据不同类别，可分为西裤、休闲裤、牛仔裤、裙裤等；根据长度，又可分为短裤、五分裤、七分裤、长裤等。同时在工艺上也风格多变，刺绣、拼贴、分割等各种方式均可运用，如图7-1~图7-3所示。

由于儿童在生长发育期间体形变化较大，因此裤子在结构设计上涉及的裤长、上裆长、前后裆宽、腰围、臀围等各个部位的尺寸均有不同的要求。基本裤长都是自然腰线往下量至地面的长度，根据不同的裤子造型进行增减。由于运动功能的需求，上裆长度需要包含1~2cm的松量，背带裤、连身裤则需要增加更多松量。前后裆宽根据成年人裆宽分配进行。由于小童腰臀差较小，自理能力不够强，因此10岁以下儿童的裤子腰围放量大，基本采用全松紧腰或背带的形式，以方便儿童穿脱。10岁以上的儿童则可采用较合体的腰围放量，并以皮带为辅助。臀围放量一般男童大于女童，腰臀差的处理则根据裤子的款式造型而定，可采用腰省设计。如图7-4、图7-5所示。

图7-1

图7-2　　　　　　　图7-3

图7-4　　　　　　　图7-5

# 第二节  童装裤子的结构与工艺案例

## 案例一（制作实物）——女童牛仔长裤

### （一）款式特点

1. 款式图（图7-6）

图7-6

2. 平面款式图（图7-7）

3. 款式说明

此款喇叭裤适合学龄女童穿着。裤腰绱松紧带，可调节腰部尺寸。

### （二）结构制图

1. 规格设计（表7-1）

表7-1  规格表　　　　　单位：cm

| 号 | 裤长（L） | 臀围（H） | 上裆（CD） | 腰围（W） |
|---|---|---|---|---|
| 110 | 66 | 68 | 19 | 52 |
| 120 | 73 | 70 | 20 | 54 |
| 130 | 80 | 74 | 21 | 57 |

## 2.结构图（图7-8）

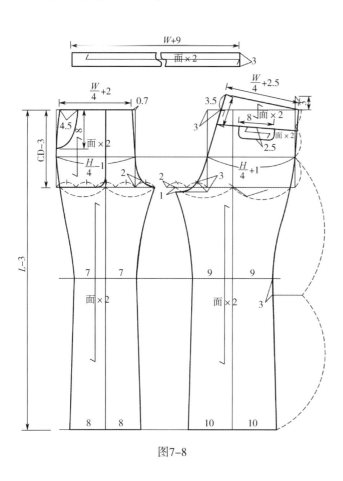

图7-8

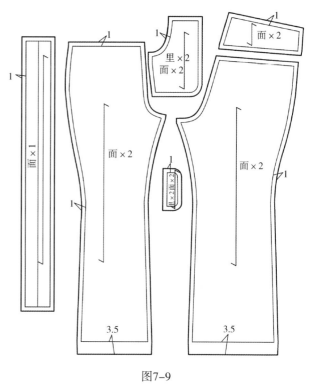

图7-9

## 3.结构要点

此裤臀围有7cm的松量，上裆有2cm的松量，合体舒适。成品腰围为净腰围尺寸，裤腰绱松紧带，可把腰围尺寸调至成品腰围，以适合腰腹部呼吸和运动的需要。

## （三）样板放缝及排料图

### 1.样板放缝

除脚口放缝份3.5cm外，其余均放缝份1cm（图7-9）。

### 2.排料

面料：幅宽148cm，对折排料，用料74cm（图7-10）。

里料：幅宽148cm，对折排料，用料19cm。里料裁剪4条3cm宽的45°斜条，作为裤子的装饰牵条（图7-11）。

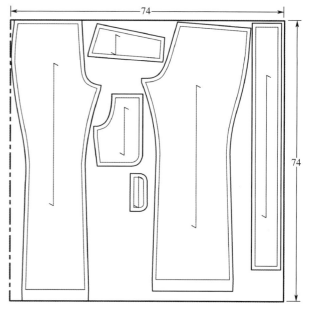

图7-10

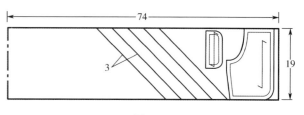

图7-11

## （四）工艺流程图（图7-12）

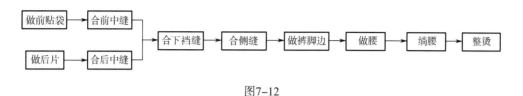

图7-12

## （五）制作过程

### 1. 做前贴袋

（1）牵条对折熨烫，如图7-13所示。

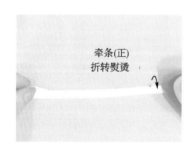

图7-13

（2）对折的牵条正面朝上放置在右前贴袋面的正面，折边朝向口袋内侧，沿净样线外0.2cm机缝固定牵条。牵条折边超出净样线0.5cm，如图7-14所示。

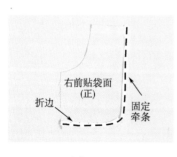

图7-14

（3）右前贴袋面与右前贴袋里正面相对，从右前贴袋面反面沿净样线机缝袋底及袋口部分，如图7-15、图7-16所示。

（4）修剪袋口、袋底缝份至0.3cm，并在弧线处打剪口，如图7-17所示。

图7-15

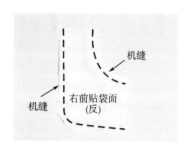

图7-16

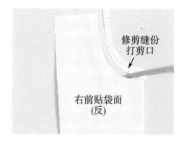

图7-17

（5）口袋翻转至正面熨烫平整，如图7-18所示。

图7-18

（6）右前贴袋正面朝上放置在右前裤片正面，沿袋底缉0.1cm明线固定在裤片上，如图7-19所示。

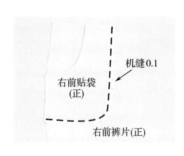

图7-19

（7）贴袋上口及侧缝位置机缝固定在裤片上，如图7-20所示。

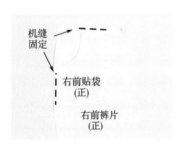

图7-20

（8）左、右前贴袋做法相同，如图7-21所示。

图7-21

### 2. 合前中缝

除腰口外其余裤边锁边。将左、右前裤片正面相对，沿前中缝净样线机缝并劈缝熨烫，如图7-22所示。

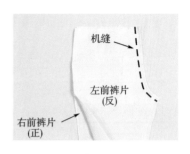

图7-22

### 3. 做后片

（1）将后装饰袋盖面反面粘衬，如图7-23所示。

图7-23

（2）牵条向反面对折熨烫，如图7-24所示。

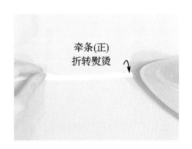

图7-24

（3）将牵条按照袋盖净样放置在袋盖面正面上，用手针沿净样线外0.2cm固定。牵条折边倒向里侧，牵条折边超出净样线宽度0.5cm，如图7-25所示。

（4）袋盖面与袋盖里正面相对，沿净样线机缝一道，袋盖里稍拉紧，以便形成自然的窝势，如图7-26所示。

图7-25

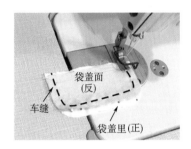

图7-26

（5）修剪多余缝份并在转角处打剪口，如图7-27所示。

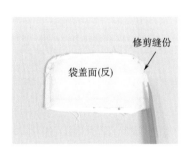

图7-27

（6）翻转至正面熨烫，如图7-28所示。

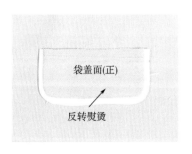

图7-28

（7）将对折后的牵条折边朝上放置在右后育克正面，沿育克下部净样线外0.2cm机缝或手工固

定牵条，牵条折边超出净样线宽度0.5cm，如图7-29所示。

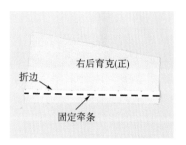

图7-29

（8）将袋盖与右后育克正面相对，根据绱袋盖位置将袋盖固定在右后育克上，如图7-30所示。

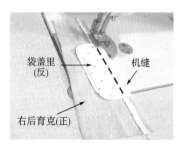

图7-30

（9）将右后裤片与右后育克正面相对，沿净样线机缝，如图7-31所示。

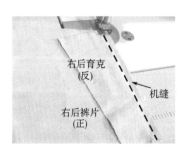

图7-31

（10）右后育克朝上翻转至正面，缝份倒向育克。在右后育克上缉0.1cm明线，如图7-32所示。

（11）左后片与右后片做法相同，如图7-33所示。

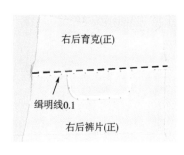

图7-32

图7-33

### 4. 合后中缝

将左、右后裤片正面相对，沿后中缝净样线机缝并劈缝熨烫，如图7-34所示。

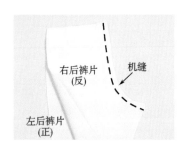

图7-34

### 5. 合下裆缝

将前、后裤片正面相对，裆底十字缝对齐，从反面沿下裆缝机缝一道并劈缝熨烫，如图7-35所示。

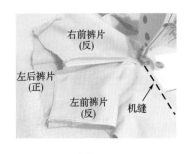

图7-35

### 6. 合侧缝

（1）将前、后裤片正面相对，裤侧缝对齐，从反面机缝前后裤片，如图7-36所示。

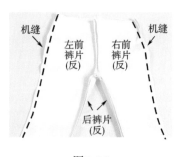

图7-36

（2）劈缝熨烫外裤侧缝，如图7-37所示。

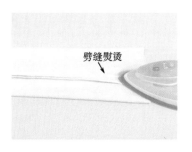

图7-37

### 7. 做裤脚边

（1）裤脚边向反面折转3.5cm熨烫，如图7-38所示。

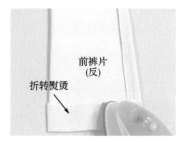

图7-38

（2）在距底边3cm处缉明线，如图7-39所示。

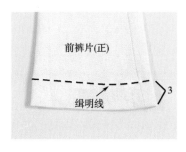

图7-39

**8. 做腰**

（1）腰面、腰里如图7-40所示。

图7-40

（2）将、前后腰正面相对，从反面机缝合成整条，如图7-41所示。

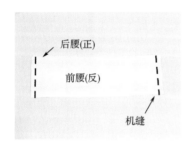

图7-41

（3）劈缝熨烫缝份，如图7-42所示。

图7-42

（4）将腰里向反面扣烫1cm缝份，如图7-43所示。

图7-43

（5）再将腰里沿中心线向反面折转熨烫，如图7-44所示。

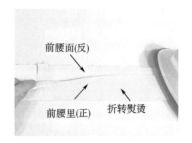

图7-44

（6）将腰面缝份包住腰里熨烫，如图7-45所示。

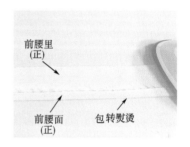

图7-45

（7）打开腰面，将前、后腰正面相对，机缝1cm缝份，形成一个环形，如图7-46、图7-47所示。

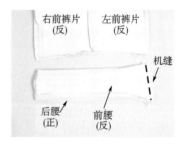

图7-46

图7-47

9. **绱腰**

（1）将做好的腰套在裤片上口，腰里正面与裤片反面相对，机缝1cm缝份，如图7-48所示。

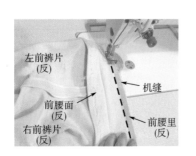

图7-48

（2）裤腰朝上掀起，如图7-49所示。

图7-49

（3）取松紧带，两头搭缝1cm缝份，如图7-50所示。

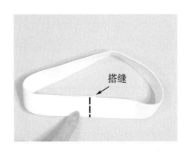

图7-50

（4）将松紧带夹入腰里与腰面之间，将腰面扣转在裤片上，缝份盖住腰里机缝线迹，纵向在左、右裤侧缝处机缝一道固定腰面、松紧带及腰里，如图7-51所示。

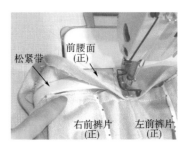

图7-51

（5）从正面在腰面上机缝明线0.2cm，如图7-52、图7-53所示。

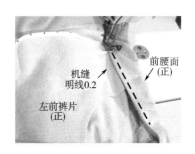

图7-52

图7-53

10. **整烫**

整烫顺序：腰头→侧袋→后袋→脚口→侧缝。

## 案例二（制作实物）——灯笼短裤

### （一）款式特点

**1. 款式图（图7-54）**

图7-54

**2. 平面款式图（图7-55）**

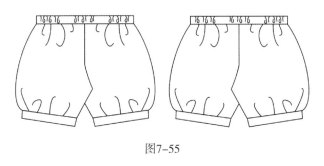

图7-55

**3. 款式说明**

此款短裤适合学龄儿童夏季穿着。裤腰缝松紧带，可调节腰部尺寸。裤脚口翻折边，突显孩子的俏皮可爱。

### （二）结构制图

**1. 规格设计（表7-2）**

**2. 结构图（图7-56）**

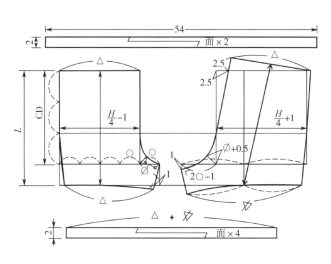

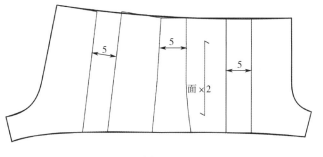

图7-56

表7-2　规格表　　　　单位：cm

| 号 | 裤长（L） | 腰围（W） | 臀围（H） | 上裆（CD） |
|---|---|---|---|---|
| 100 | 24 | 48 | 66 | 18 |
| 110 | 24 | 52 | 69 | 20 |
| 120 | 26 | 54 | 71 | 22 |

**3.结构要点**

此短裤由于是夏季穿着，上裆有较大的松量，更加宽松透气。成品腰围为净腰围尺寸，裤腰缩松紧带，可把腰围尺寸调至成品腰围，以适合腰腹部呼吸和运动的需要。

**（三）样板放缝及排料图**

**1.样板放缝**

全部均放缝份1cm（图7-57）。

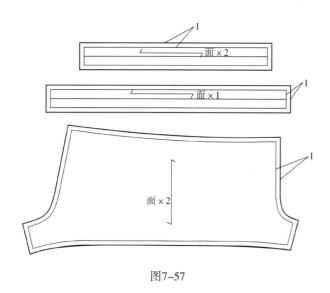

图7-57

**2.排料**

面料：幅宽148cm，对折排料，用料56cm（图7-58）。

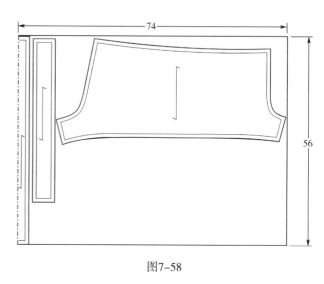

图7-58

**（四）工艺流程图（图7-59）**

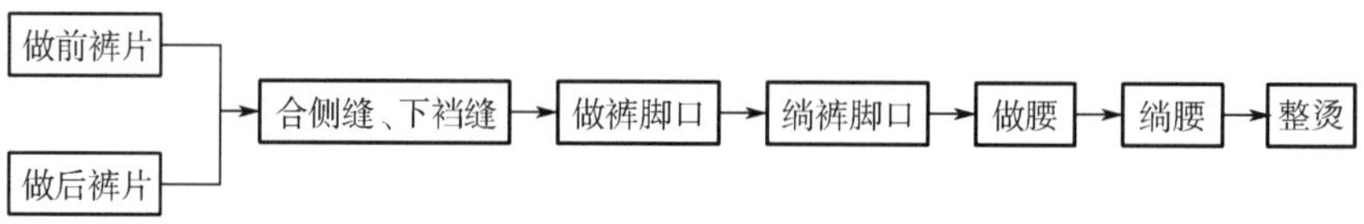

做前裤片 / 做后裤片 → 合侧缝、下裆缝 → 做裤脚口 → 缩裤脚口 → 做腰 → 缩腰 → 整烫

图7-59

**（五）制作过程**

**1.做前裤片**

（1）将前裤片的前中缝、下裆缝及侧缝锁边，如图7-60所示。

（2）左、右前裤片正面相对，从反面沿净样线机缝前中缝，缝份1cm，如图7-61所示。

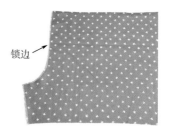

锁边

图7-60

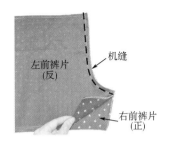

图7-61

（3）劈缝熨烫前中缝，如图7-62所示。

图7-62

**2.做后裤片**

（1）将后裤片的后中缝、下裆缝及侧缝锁边，如图7-63所示。

图7-63

（2）左、右后裤片正面相对，从反面沿净样线机缝后中缝，缝份1cm，如图7-64所示。

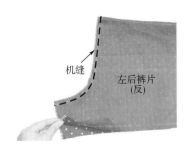

图7-64

（3）劈缝熨烫后中缝，如图7-65所示。

图7-65

**3.合侧缝、下裆缝**

（1）前、后裤片正面相对，从反面沿侧缝机缝，缝份1cm，如图7-66所示。

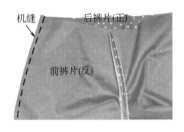

图7-66

（2）前、后裤片正面相对，叠合前、后下裆缝，从反面机缝，缝份1cm，如图7-67所示。

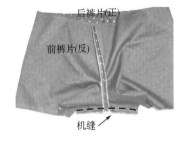

图7-67

（3）劈缝熨烫侧缝及下裆缝，如图7-68所示。

图7-68

**4. 做裤脚口**

（1）在裤脚口反面粘衬，如图7-69所示。

图7-69

（2）脚口向反面对折熨烫，如图7-70所示。

图7-70

（3）脚口一边扣烫1cm缝份，如图7-71所示。

图7-71

（4）脚口两端正面相对，从反面机缝1cm缝份，如图7-72所示。

图7-72

（5）将脚口缝份劈缝熨烫，如图7-73所示。

图7-73

（6）翻转至正面，如图7-74所示。

图7-74

**5. 绱裤脚口**

（1）将裤脚边抽褶，长度与脚口相等，如图7-75所示。

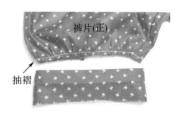

图7-75

（2）脚口套入裤脚里，未扣烫缝份的一边正面与裤脚边反面对齐，机缝1cm缝份，如图7-76所示。

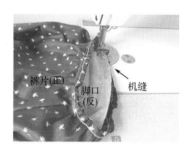

图7-76

（3）拉出脚口，如图7-77所示。

图7-77

（4）按对折线将脚口翻转至裤脚正面，扣压0.2cm，盖住下面的机缝线迹，如图7-78所示。

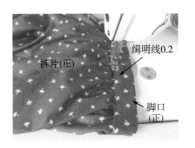

图7-78

（5）左、右两脚口做法相同，如图7-79所示。

图7-79

**6. 做腰**

（1）前、后腰头正面相对，两端机缝，缝份1cm，如图7-80所示。

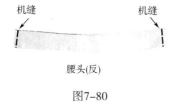

图7-80

（2）劈缝熨烫两端缝份，如图7-81所示。

图7-81

**7. 绱腰**

（1）将腰头套在裤片上，正面相对，未折

边的一边与腰口平齐，沿腰口机缝1cm缝份，如图7-82所示。

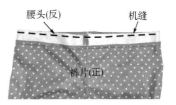

图7-82

（2）将腰头翻转扣烫在裤片反面，如图7-83所示。

图7-83

（3）从正面沿腰口缉明线0.2cm，如图7-84所示。

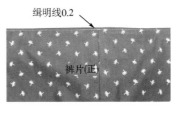

图7-84

（4）将松紧带搭缝成一圈，如图7-85所示。

图7-85

（5）将松紧带夹入腰头与裤片中间，分别在侧缝及前、后中缝处固定，如图7-86所示。

固定

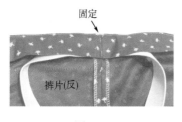

裤片(反)

图7-86

（6）从反面沿腰头折边机缝0.2cm，如图7-87所示。

机缝

腰头(正)

图7-87

（7）翻转至正面，如图7-88所示。

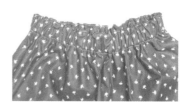

图7-88

**8. 整烫**

整烫顺序：腰头→侧袋→后袋→脚口→侧缝。

## 案例三（制作实物）——男童短裤

### （一）款式特点

**1. 款式图（图7-89）**

图7-89

**3. 款式说明**

此款短裤适合学龄儿童夏季穿着。裤腰缩松紧带，可调节腰部尺寸。脚口翻折边，突显孩子的俏皮可爱。

**2. 平面款式图（图7-90）**

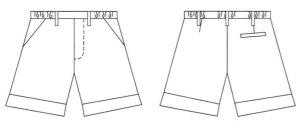

图7-90

## （二）结构制图

### 1. 规格设计（表7-3）

表7-3　规格表　　　　单位：cm

| 号型 | 裤长（L） | 臀围（H） | 上档（CD） | 腰围（W） |
|---|---|---|---|---|
| 110 | 33 | 68 | 19 | 50 |
| 120 | 37 | 70 | 20 | 53 |
| 130 | 40 | 74 | 21 | 57 |

### 2. 结构图（图7-91）

### 3. 结构要点

此短裤由于是在夏季穿着，上档有较大的松量，更加宽松透气。成品腰围为净腰围尺寸，裤腰绱松紧带，可把腰围尺寸调至成品腰围，以适合腰腹部呼吸和运动的需要。

## （三）样板放缝及排料图

### 1. 样板放缝

除斜插袋垫布下边放缝份2.5cm外，其余全部放缝份1cm（图7-92）。

### 2. 排料

面料：幅宽148cm，对折排料，用料68cm。

里料：幅宽148cm，对折排料，用料16cm（图7-93）。

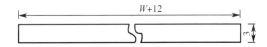

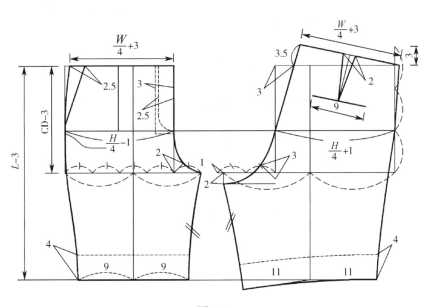

图7-91

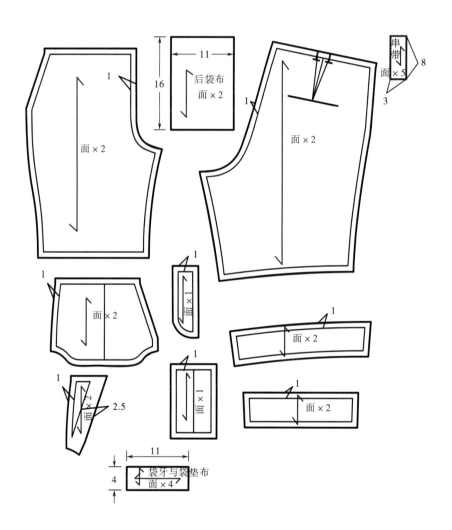

图7-92

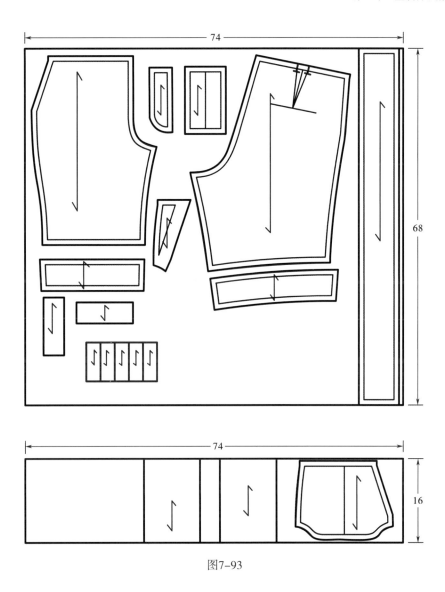

图7-93

**（四）工艺流程图（图7-94）**

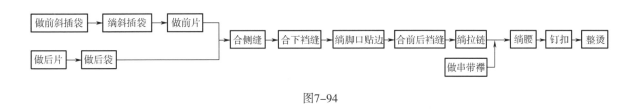

图7-94

**（五）制作过程**

**1.做前斜插袋**

（1）斜插袋垫布除腰口和侧缝边外锁边，如图7-95所示。

（2）袋垫布正面朝上放置在斜插袋布正面上，侧缝边对齐，如图7-96所示机缝0.5cm。

（3）袋布对折，从反面机缝下口，缝份0.8cm并锁边。左、右斜插袋做法相同，如图7-97所示。

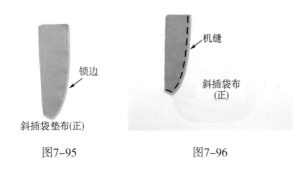

图7-95          图7-96

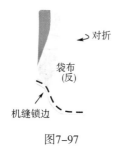

图7-97

### 2. 绱斜插袋

（1）前裤片反面腰口及绱袋位粘衬，如图7-98所示。

图7-98

（2）袋布与前裤片正面相对，在绱袋位处叠合，沿净样线机缝，缝份1cm，如图7-99所示。

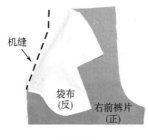

图7-99

（3）转折处打剪口，如图7-100所示。

图7-100

（4）翻转口袋布至裤片反面，熨烫袋口，注意不要吐里，如图7-101、图7-102所示。

图7-101

图7-102

（5）掀开口袋布，在右前裤片正面袋口位置缉明线0.6cm，如图7-103所示。

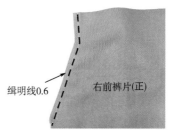

图7-103

（6）袋口在腰部转折处及侧缝处回针封口。

左、右裤片做法相同，如图7-104所示。

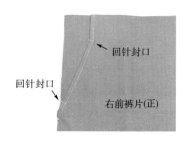

图7-104

### 3. 做前片

（1）反面叠合前片褶裥，机缝长度4cm，如图7-105所示。

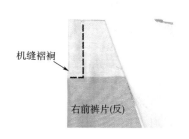

图7-105

（2）从正面沿腰口机缝，缝份0.5cm，将褶裥及口袋布固定，褶裥尾部倒向前中缝，如图7-106所示。

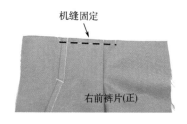

图7-106

（3）除腰口及裤脚边外均锁边。左、右前片做法相同，如图7-107所示。

图7-107

### 4. 做后片

（1）后片反面腰口及绱袋位粘衬，如图7-108所示。

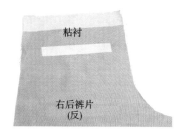

图7-108

（2）省道位对折，反面机缝，如图7-109所示。

图7-109

（3）剪开省道，如图7-110所示。

图7-110

（4）劈缝熨烫省道，省尖倒向后中缝，如图7-111所示。

图7-111

（5）除腰口和裤脚边外均锁边，如图7-112所示。

图7-112

**5.做后袋**

（1）嵌线条反面粘衬，如图7-113所示。

图7-113

（2）嵌线条对折熨烫，如图7-114所示。

图7-114

（3）后裤片正面，$ABCD$点所示位置为开袋位置，如图7-115所示。

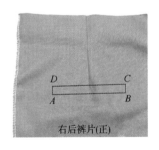

图7-115

（4）嵌线条折边向下放置在裤片正面，从点$A$到点$B$机缝。$A$—$B$与裤片开袋位置$A$—$B$重合。左、右各留1cm缝份，上下距离嵌线条边1cm，如图7-116所示。

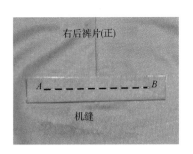

图7-116

（5）后袋垫布向反面扣烫1cm，如图7-117所示。

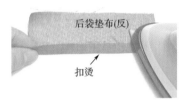

图7-117

（6）后袋垫布正面朝上放置在后口袋布正面上，扣压0.1cm，口袋布缝份1cm，如图7-118所示。

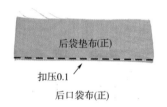

图7-118

（7）反面将后袋垫布及后口袋布缝份一起锁边，如图7-119所示。

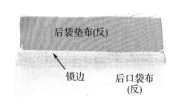

图7-119

（8）后袋垫布反面上口做标记点$C$、点$D$，长度为开袋长度，宽度0.7cm，左、右两端距离布边1cm，如图7-120所示。

图7-120

（9）后袋垫布反面朝上放置在后裤片正面上，$C—D$标记点与开袋位$C—D$重合机缝，如图7-121所示。

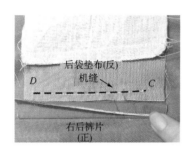

图7-121

（10）掀开嵌线条和后袋垫布缝份，从中间剪开后裤片，在距离开袋位4个端点1cm处剪Y型剪口，直至距离$A$、$B$、$C$、$D$四点1~2根纱线，如图7-122、图7-123所示。

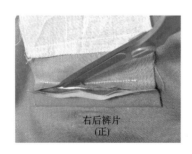

图7-122

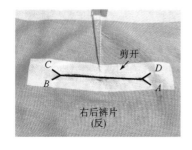

图7-123

（11）从后裤片正面将后袋垫布及口袋布翻至后裤片反面，如图7-124所示。

图7-124

（12）嵌线条上翻，嵌线条缝份翻至后裤片反面，如图7-125所示。

图7-125

（13）在后裤片反面，后袋垫布另一端向上翻至与后袋垫布缝份平齐，如图7-126所示。

图7-126

（14）紧挨图7-120上所标识的$CD$线条机缝后袋垫布及后口袋布缝份，如图7-127所示。

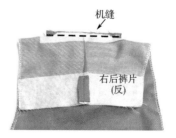

图7-127

（15）掀开后裤片，垂直机缝口袋布两侧，如图7-128、图7-129所示。

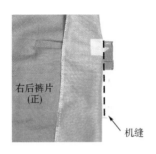

图7-128

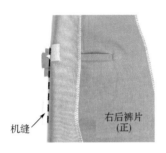

图7-129

（16）后袋的三边锁边，如图7-130所示。图7-131所示为后袋正面。

图7-130

图7-131

**6. 合侧缝**

（1）将前、后裤片正面相对，侧缝对齐，从反面机缝，缝份1cm，如图7-132所示。

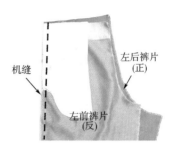

图7-132

（2）侧缝劈缝熨烫，如图7-133所示。

图7-133

**7. 合下裆缝**

（1）前、后裤片正面相对，下裆缝对齐，从反面机缝，缝份1cm，如图7-134所示。

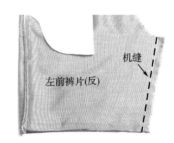

图7-134

（2）下裆缝劈缝熨烫，如图7-135所示。

图7-135

8. 缂脚口贴边

（1）前、后脚口贴边正面相对，从反面机缝两端，缝份1cm，连成一圈，如图7-136所示。

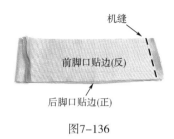

图7-136

（2）将脚口贴边正面与裤脚边反面相对套在一起，脚口边对齐，机缝1cm，如图7-137所示。

图7-137

（3）脚口贴边的另一边向反面折转熨烫1cm，如图7-138所示。

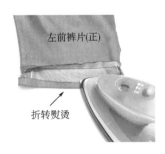

图7-138

（4）将脚口贴边翻转扣烫在裤片正面，如图7-139所示。

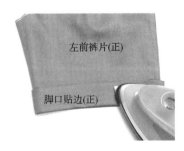

图7-139

（5）沿贴边边缘，缉明线0.6cm，如图7-140所示。

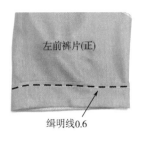

图7-140

9. 合前后档缝

（1）将左、右裤腿正面相对套在一起，前后档缝对齐，如图7-141所示。

图7-141

（2）左、右裤片档缝对齐，从后档缝机缝，缝份1cm，直至前档缝缉拉链止点位置回针。注意档底十字缝对齐，如图7-142、图7-143所示。

图7-142

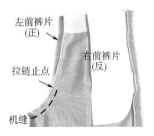

图7-143

10. 绱拉链

（1）门襟反面粘衬，曲边锁边，如图7-144所示。

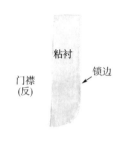

图7-144

（2）将门襟正面与左前裤片正面相对机缝，缝份0.8cm，至绱拉链位下1.5cm处，如图7-145、图7-146所示。

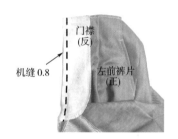

图7-145

图7-146

（3）缝份倒向门襟，从门襟正面缉明线0.1cm，如图7-147所示。

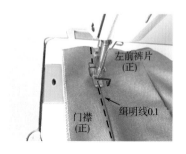

图7-147

（4）里襟对折熨烫，毛边合并锁边，如图7-148所示。

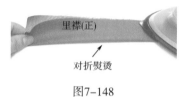

图7-148

（5）里襟如图7-149放置，拉链平行于锁边口放于里襟正面上，机缝0.5cm与里襟固定，如图7-149所示。

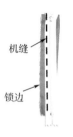

图7-149

（6）右前裤片前中心线处上端折烫0.5cm缝份，扣压在拉链上，从腰口线下2cm处开始向下机缝0.2cm。注意不能太靠近拉链牙，0.2cm机缝线在拉链止点位置的裆缝线内，如图7-150、图7-151所示。

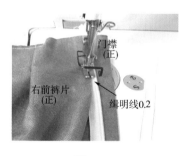

图7-150

图7-151

（7）左裤片盖转至拉链上，将门襟拉链对齐，然后掀开左裤片，将门襟与拉链机缝在一起，直至距腰口线2cm处结束，如图7-152所示。

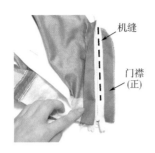

图7-152

（8）翻转至裤片正面，机缝正面门襟明线，注意不要将里襟机缝在一起，如图7-153、图7-154所示。

图7-153

图7-154

（9）修剪掉上部未固定的多余拉链，从正面沿门襟边缘缉明线0.1cm，长度4cm，如图7-155所示。

图7-155

## 11. 做串带

（1）串带一侧锁边，另一侧向反面折转熨烫0.8cm，如图7-156所示。

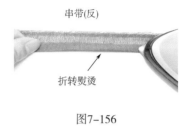

图7-156

（2）锁边一侧包转熨烫与另一侧对齐，如图7-157所示。

图7-157

（3）从正面左、右两边缉明线0.2cm，如图7-158所示。

图7-158

（4）将串带剪成8cm的段，共5段，如图7-159所示。

图7-159

## 12. 绱腰

（1）腰里正面相对，机缝两侧，缝份1cm，腰里连接为整条，如图7-160所示。

图7-160

（2）腰里劈缝熨烫，下口锁边，如图7-161所示。

图7-161

（3）腰里与裤片正面相对，上口对齐腰口套在一起，沿腰口机缝，缝份1cm，如图7-162所示。

图7-162

（4）腰里扣转至裤片反面熨烫，如图7-163所示。

图7-163

（5）串带正面与裤片正面相对，距离腰口0.2cm机缝串带，缝份0.5cm，如图7-164所示。

图7-164

（6）腰里掀开，将两侧松紧带固定在绱松紧带位置，如图7-165所示。

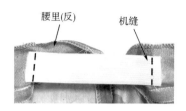

图7-165

（7）腰里折转至反面，从正面机缝明线，距离腰口3cm，如图7-166所示。

图7-166

（8）将串带翻下来，距离腰口处0.5cm回针固定，如图7-167所示。

图7-167

（9）将串带下部折转0.5cm的缝份，机缝0.2cm回针固定，如图7-168所示。

图7-168

### 13. 钉扣

在腰头正中钉装饰扣1粒，如图7-169所示。

图7-169

### 14. 整烫

整烫顺序：裤片→侧袋→后袋→脚口→侧缝。

## 案例四——男童小脚裤

### （一）款式特点

#### 1. 款式图（图7-170）

图7-170

#### 2. 平面款式图（图7-171）

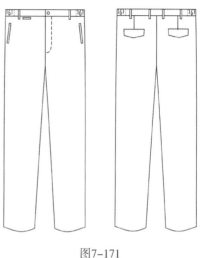

图7-171

#### 3. 款式说明

此款小脚裤适合学龄男童穿着，可满足低年级到高年级孩子的需要。裤子腰侧绱松紧带，可调节腰部尺寸。

### （二）结构制图

#### 1. 规格设计（表7-4）

表7-4　规格表　　　　　　单位：cm

| 号 | 裤长（$L$） | 臀围（$H$） | 上裆（CD） | 腰围（$W$） |
|---|---|---|---|---|
| 110 | 66 | 68 | 18 | 50 |
| 120 | 73 | 70 | 19 | 53 |
| 130 | 80 | 74 | 20 | 57 |

#### 2. 结构图（图7-172）

#### 3. 结构要点

此裤的臀围有7~8cm的松量，上裆有3cm的松量，整体较宽松。成品腰围为净腰围尺寸，腰侧绱松紧带，可把腰围尺寸调至成品腰围，以适合腰腹部呼吸和运动的需要。

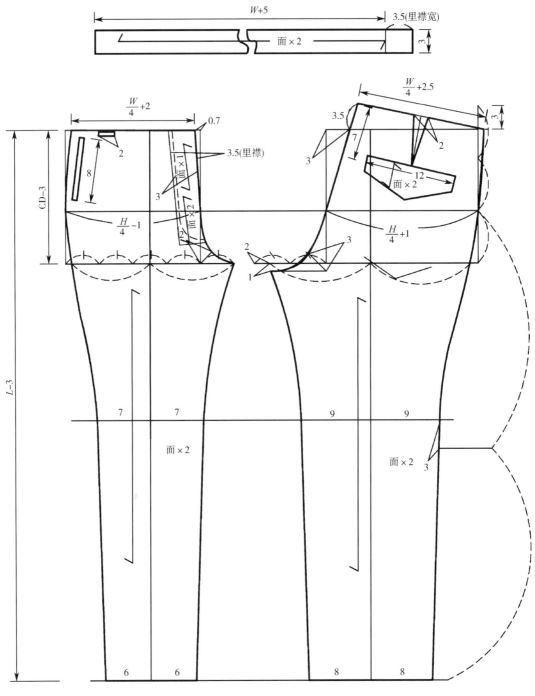

图7-172

## 案例五——女童背带裤

### （一）款式特点

**1. 款式图（图7-173）**

图7-173

**2. 平面款式图（图7-174）**

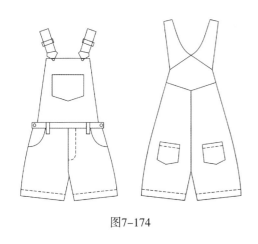

图7-174

**3. 款式说明**

此款背带裤适合6~12岁的孩童穿着。此阶段的儿童身高增长较快，背带裤的肩带可以调节长度，能够满足孩子生长速度快的要求。

### （二）结构制图

**1. 规格设计（表7-5）**

表7-5　规格表　　　　　　　单位：cm

| 号型 | 裤长（L） | 臀围（H） | 上裆（CD） | 腰围（W） |
|---|---|---|---|---|
| 110 | 36 | 68 | 19 | 50 |
| 120 | 40 | 70 | 20 | 53 |
| 130 | 44 | 74 | 21 | 57 |

**2. 结构图（图7-175）**

**3. 结构要点**

以原型的衣身与牛仔裤结合制图，得到背带裤纸样。原型衣身的前、后中线与裤片的前、后中线对齐，腰围线平行。裤子臀围有7cm的松量，上裆有3cm的松量，腰围上的松量较大，方便穿脱的需要。

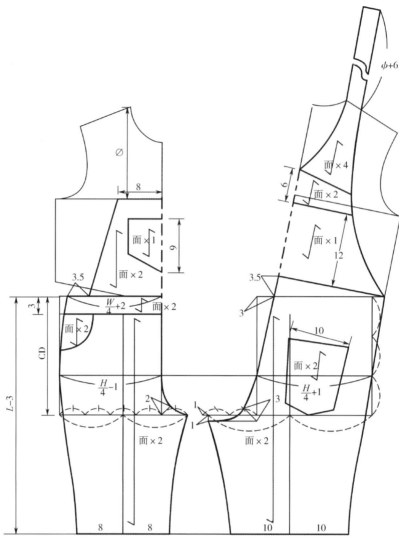

图7-175

# 附录

## 附录一　日本文化式童装衣身原型

### 一、衣身原型部位名称及适用范围

日本文化式童装原型是以0～12岁的男女儿童为对象的。孩子的体型和成人有很大不同，孩子的体形从婴儿到幼儿、再到学童，其身体差异较大，所以原型要求适应面较广。日本文化式原型就是在这个基础上设计出来的。本书前面章节采用此原型。

衣身原型，是以内衣上量得的胸围和背长尺寸为基础而计算出来的，加上了应有的生理松量和运动松量，包括前、后两个半身。具体的衣身原型部位名称如附图1-1所示。

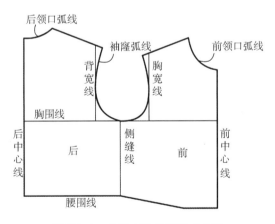

附图1-1　儿童衣身原型部位名称

### 二、衣身原型结构制图

#### （一）使用部位尺寸

一般以号为标准，按照标准找到相应号对应的胸围（$B$）和背长（BWL）尺寸，再代入到结构图里。

#### （二）结构图（附图1-2）

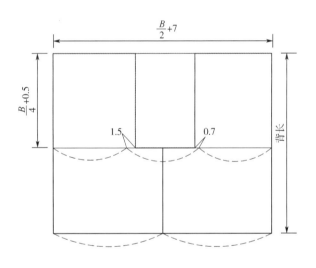

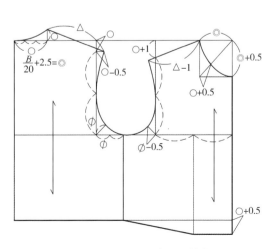

附图1-2　日本文化式儿童衣身原型结构图

# 附录二 日本文化式童装袖原型

## 一、袖原型部位名称及适用范围

袖原型是以衣身的袖窿尺寸和袖长为基础而计算出来的，使之能适合衣身原型。袖原型的各部位名称如附图2-1所示。

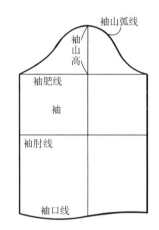

附图2-1 儿童袖原型部位名称

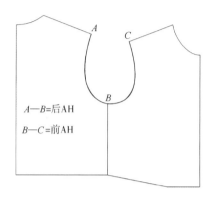

$A—B=$后AH

$B—C=$前AH

附图2-2 对应衣身袖窿

## 二、袖原型结构制图

### （一）使用部位尺寸

袖原型必须依据对应原型衣身的袖长（SL），袖长可以参考手臂长得到。还要测量对应原型衣身的前、后袖窿长（前AH、后AH），如附图2-2所示。

### （二）结构图（附图2-3）

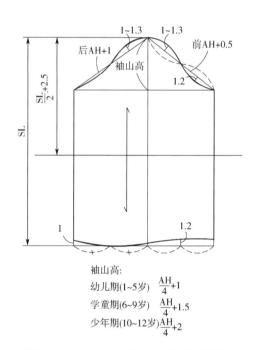

袖山高：

幼儿期(1~5岁) $\dfrac{AH}{4}+1$

学童期(6~9岁) $\dfrac{AH}{4}+1.5$

少年期(10~12岁) $\dfrac{AH}{4}+2$

附图2-3 日本文化式儿童衣袖原型结构图

# 参考文献

［1］马芳，李晓英.童装结构设计与制板［M］.北京：中国纺织出版社，2014.

［2］许涛.服装制作工艺：实训手册［M］.北京：中国纺织出版社,2013.

［3］熊能.世界经典服装设计与纸样：童装篇［M］.南昌：江西美术出版社，2011.

［4］文化服装学院.文化服装讲座——童装·礼服篇［M］.郝瑞闻，编译.北京：中国轻工业出版社，2008.

［5］童敏.服装工艺：缝制入门与制作实例［M］.北京：中国纺织出版社，2015.